彩 图 1-1 自然景观（庐山）摄 影 常怀生

彩 图 1-2 江南水乡—周庄（二）
摄 影 彭才年

彩 图 1-2 江南水乡—周庄（一）
摄 影 彭才年

彩　图 1-3　东北山河（吉林）
摄　影　　常怀生

彩　图 1-4　苏州园林

彩　图 1-5　日本园林

彩　图 1-6　美国园林
摄　影　　薛光弼

彩　图 4-23　楼梯足光照明
摄　影　　常怀生

彩　图 4-24　宾馆大堂吊灯
摄　影　　常怀生

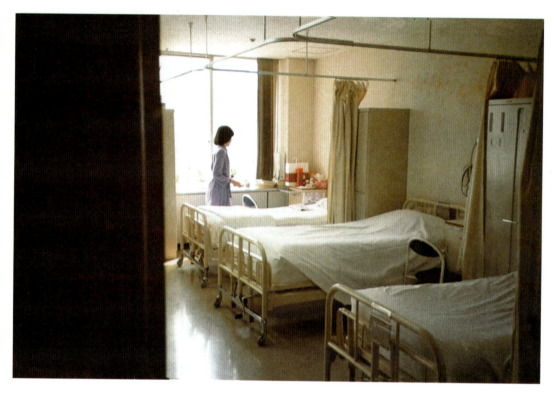

彩 图 4-27 医院病房
摄 影 常怀生

彩 图 4-28 老人院卧室
摄 影 常怀生

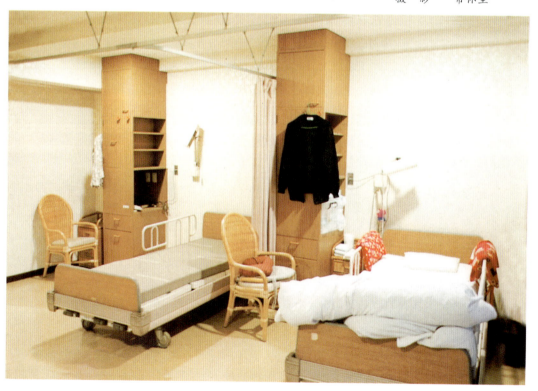

彩 图 4-29 非磨光花岗岩地面
摄 影 常怀生

彩 图 4-30 兼顾轮椅者出入的出入口
摄 影 常怀生

彩 图 6-2 标示楼层平面图的电梯厅
摄 影 常怀生

彩　图 8-2　导盲地面
摄　影　　常怀生

彩　图 8-3　塑胶地面
摄　影　　常怀生

彩 图 8-15 方便老年人、盲人的楼梯
摄 影 常怀生

彩 图 9-1 卫生间　摄 影　常怀生

彩 图 8-16 日式住宅壁龛间
摄 影　常怀生

彩 图 9-3 市政厅

彩 图 9-4 个人研究室　摄 影　常怀生

彩 图 9-5 按行为设计车厢

摄 影　常怀生

室内设计与建筑装饰专业教学丛书暨高级培训教材

环境心理学与室内设计

哈尔滨建筑大学　常怀生　编著

中国建筑工业出版社

图书在版编目（CIP）数据

环境心理学与室内设计/常怀生编著. —北京：中国建筑工业出版社，2000（2021.3 重印）

室内设计与建筑装饰专业教学丛书暨高级培训教材

ISBN 978-7-112-04051-3

Ⅰ. 环… Ⅱ. 常… Ⅲ.①环境心理学-技术培训-教材
②室内装饰-建筑设计-技术培训-教材 Ⅳ.TU238

中国版本图书馆 CIP 数据核字（1999）第 54738 号

本书是为室内设计与建筑装饰专业提供环境心理学理论基础的教材。全书由绪论，以人为本 环境宜人，人体感受器官，室内环境，个人空间与感觉尺度，环境与行为，社会文化环境，室内环境构成，室内环境行为计划和室内环境评价等十章组成。综合来看，是从环境与人两个侧面分别进行系统分析，并着眼于相互作用关系，这是从事室内环境设计专业学生或从事这个专业的设计工作者必备的基础知识。本书力求反映当代先进的理论与观念，并尽可能广泛地推荐给广大读者，以启发设计思维。

本书适用于室内设计、建筑学、环境艺术等专业的大学本科生、研究生教学用书，其基本理论与观念也适用于更广泛的行业，特别是对于装修行业的实际工作者具有较大的参考价值。

室内设计与建筑装饰专业教学丛书暨高级培训教材

环境心理学与室内设计

哈尔滨建筑大学　常怀生　编著

*

中国建筑工业出版社出版、发行（北京西郊百万庄）
各地新华书店、建筑书店经销
廊坊市海涛印刷有限公司印刷

*

开本：880×1230 毫米　1/16　印张：9¼　插页：4　字数：287 千字
2000 年 3 月第一版　　2021 年 3 月第十八次印刷
定价：19.00 元
ISBN 978-7-112-04051-3
（9412）

版权所有　翻印必究
如有印装质量问题，可寄本社退换
（邮政编码　100037）

室内设计与建筑装饰专业教学丛书暨高级培训教材编委会成员名单

主任委员：

　　同济大学　　来增祥教授

副主任委员：

　　重庆建筑大学　　万钟英教授

委员（按姓氏笔画排序）：

　　同　济　大　学　　庄荣教授
　　同　济　大　学　　刘盛璜副教授
　　浙　江　大　学　　吴硕贤教授
　　重庆建筑大学　　陆震纬教授
　　浙　江　大　学　　屠兰芬教授
　　重庆建筑大学　　符宗荣副教授
　　同　济　大　学　　韩建新副教授

编者的话

面向即将来临的21世纪，我国将迎来一个经济、信息、科技、文化都高度发展的兴旺时期，社会的物质和精神生活也都会提到一个新的高度，相应地人们对自身所处的生活、生产活动环境的质量，也必将在安全、健康、舒适、美观等方面提出更高的要求。因此设计创造一个既具科学性，又有艺术性；既能满足功能要求，又有文化内涵，以人为本，亦情亦理的现代室内环境，将是我们室内设计师的任务。

这套可供高等院校室内设计和建筑装饰专业教学及高级技术人才培训用的系列丛书首批出版8本：《室内设计原理》（上册为基本原理，下册为基本类型）、《室内设计表现图技法》、《人体工程学与室内设计》、《室内环境与设备》、《家具与陈设》、《室内绿化与内庭》、《建筑装饰构造》等；尚有《室内设计发展史》、《建筑室内装饰艺术》、《环境心理学与室内设计》、《室内设计计算机的应用》、《建筑装饰材料》等将于后期陆续出版。

这套系列丛书由我国高等院校中具有丰富教学经验，长期进行工程实践，具有深厚专业理论修养的作者编写，内容力求科学、系统，重视基础知识和基本理论的阐述，还介绍了许多优秀的实例，理论联系实际，并反映和汲取国内外近年来学科发展的新的观念和成就。希望这套系列丛书的出版，能适应我国室内设计与建筑装饰事业深入发展的需要，并能对系统学习室内设计这一新兴学科的院校学生、专业人员和广大读者有所裨益。

本套丛书的出版，还得到了清华大学王炜钰教授、北京市建筑设计研究院刘振宏高级建筑师及中央工艺美术学院罗无逸教授的热情支持，谨此一并致谢。

由于室内设计社会实践的飞速发展，学科理论不断深化，加以编写时间紧迫，书中肯定会存在不少不足之处，真诚希望有关专家学者和广大读者给予批评指正，我们将于今后的版本中不断修改和完善。

编委会

前　　言

早在两年多以前，同济大学来增祥教授就提出想让我写一本给室内设计专业用的大约40学时的环境心理学教材，我犹豫了一段时间不敢应允，自觉才疏识浅，难以胜任，但最后还是盛情难却，勉强接受下来，由于多种原因比预计计划推迟将近一年，现在终于交卷了。

环境心理学是一门相当复杂的新兴学科，像我这种半路出家，由建筑行业出身到中年以后才研究环境心理学的人，实在没有充分的资格写这本教材，但是又有些不守本份，十几年前国家自然科学研究基金会，给了一点资助，对建筑环境心理学做了一点考察和研究，积累了一些资料，为写这本教材无意中提供了"原料"。同时由于长期从事建筑教育，在接触环境心理学之后，很自然会将两者结合比较，也多少有一些体会，为这次动笔写教材提供了方便。

环境心理学这个题目实在庞大，仅从室内设计角度来看，当然也可以将其范围适当缩小，但又感到太局限也不妥。作为环境这个侧面实在太复杂了，从自然环境、社会环境到人工环境，时时刻刻无处不在影响着人们的心理；而作为人的心理这个侧面也异常复杂，并非简单几句话就可以概括的。所以环境与心理，再延伸到行为，其中要探讨研究的内容实在太多太多，室内设计只是人工环境中的一个微小的局部。所以在探讨环境心理学时，似应首先立足于宏观，立足于通过宏观环境的改善，来提高人们的自身素质，进而提高民族素质，这是全社会的共同责任。只有从这个角度来考虑和把握具体的环境设计，室内设计才抓住了本质。所以笔者期望读者能多从这个角度考察与环境相关的心理、行为问题，共同营造一个美好的生活环境。

本书内容组织，也是沿着这个思路，将环境与心理交织在一起，分为十章加以论述。有些内容其深度超出了室内设计的直接需要，但是作为理论依据，又不能不交待深一些，这对于有志于从事研究工作的读者或者会有些益处。

绪论一章引入了生活中的环境心理学；第二章强调了以人为本，这是环境心理学的宗旨，环境要宜人化，逐层分析了环境，建立了刺激与反应的环境心理学基本机制；第三章从人体感受器官上认识人体自身，将生理与心理联系起来；第四章则从物理角度探讨室内环境，将物理环境与心理感受联系起来；第五章强调个人空间与感受尺度，通过感觉器官建立个人空间的概念与尺度；第六章深入或延伸到行为与环境之间的相关关系；第七章突出强调社会文化（广义的）环境对人的成长素质形成的影响；第八章，则从具体的物质环境构成上创造宜人的理想居住环境；第九章对与室内设计相关的行为计划做了例子说明；最后一章是室内环境评价，企图将比较抽象的难以捕捉的环境评价问题，通过定量化的物理测定和心理问答手段予以科学的评价，建立起科学的评价概念和体系。

笔者个人在环境心理学领域谈不上什么贡献，也不敢说有多深体会，只感到其有用，愿意和读者共同探讨，共同促使推广应用，以改善我国人民的生活环境质量。为此想尽可能将国内外先行者的研究成果汇编成册，推荐给读者。是否能如愿达到这一目标，还需经日后的实践考验。

本书在编写过程中得到了宫田纪元先生、高桥鹰志先生在多方面的关注；得到了室内设计专家麦裕新先生的指导；还得到罗玲玲女士、李健红女士在汇集资料上的大力帮助，特此向他们致以衷心的感谢，还要向关心本书出版的朋友和读者表示感谢。

虽然停笔时间推迟，但仍感成稿仓促，许多内容推敲不深；同时，限于笔者能力，书稿必然存在许多不足甚至错误之处，恳请读者随时指出，以便再版时纠正，不胜感激。

目　　录

第一章　绪论 ··· 1
第一节　建筑设计 ··· 1
　　一、构思 ··· 2
　　二、设计 ··· 3
第二节　室内设计 ··· 3
　　一、包装与装修 ··· 3
　　二、室内设计 ··· 4
第三节　生活中的环境心理学 ··· 5
　　一、孟母择邻 ··· 5
　　二、近朱者赤，近墨者黑 ··· 5
　　三、"狼孩" ··· 5
　　四、幼儿语言训练 ··· 5
　　五、场所精神 ··· 5
第四节　环境心理学及其发展 ··· 6
　　一、什么是环境心理学 ·· 6
　　二、环境心理学的发展 ·· 6

第二章　以人为本　环境宜人 ·· 9
第一节　人处于环境核心 ·· 9
　　一、行为构成 ··· 9
　　二、刺激与行为 ··· 10
第二节　环境构成 ··· 12
第三节　自然环境 ··· 13
第四节　社会环境 ··· 14
第五节　人工环境 ··· 15

第三章　人体感受器官 ·· 17
第一节　视觉 ·· 17
　　一、视觉系统的构造 ··· 18
　　二、眼的机能 ··· 19
　　三、形态知觉 ··· 24
　　四、形态建立 ··· 26
　　五、形态视觉 ··· 30
第二节　听觉 ·· 33
　　一、听觉器官的构造 ··· 33
　　二、噪音对健康的影响 ·· 35
　　三、超声波、超低声波 ·· 37
第三节　嗅觉 ·· 38
第四节　触觉 ·· 38

第四章　室内环境 ……………………………………………………………… 40
第一节　人体与环境 …………………………………………………………… 40
一、体内环境稳定 ………………………………………………………… 40
二、生物体的控制机构 …………………………………………………… 41
三、身体对环境的适应 …………………………………………………… 44
四、调整与适应的条件 …………………………………………………… 44
五、改善环境的目标 ……………………………………………………… 45
第二节　温热环境 ……………………………………………………………… 45
一、体温 …………………………………………………………………… 45
二、对寒暑的身体调整与适应 …………………………………………… 48
三、最佳温度条件 ………………………………………………………… 50
四、衣服气候 ……………………………………………………………… 53
五、供暖与送冷 …………………………………………………………… 56
第三节　光环境 ………………………………………………………………… 57
一、光 ……………………………………………………………………… 57
二、光环境 ………………………………………………………………… 59
第四节　空气环境 ……………………………………………………………… 64
一、氧 ……………………………………………………………………… 64
二、二氧化碳 ……………………………………………………………… 65
三、空气离子 ……………………………………………………………… 66
四、浮游粒子状物质 ……………………………………………………… 66
五、浮游微生物 …………………………………………………………… 68
六、吸烟 …………………………………………………………………… 68
七、一氧化碳 ……………………………………………………………… 70
第五节　色彩环境 ……………………………………………………………… 71
一、色彩的诱目性 ………………………………………………………… 71
二、色彩的物理感觉 ……………………………………………………… 72
三、色彩的联想与象征 …………………………………………………… 73
四、色彩感觉与光环境 …………………………………………………… 75
第六节　质地环境 ……………………………………………………………… 76
第五章　个人空间与感觉尺度 …………………………………………………… 79
第一节　个人空间 ……………………………………………………………… 79
第二节　视觉尺度 ……………………………………………………………… 80
第三节　听觉尺度 ……………………………………………………………… 82
第四节　嗅觉尺度 ……………………………………………………………… 83
第五节　肤觉尺度 ……………………………………………………………… 84
第六章　环境与行为 ……………………………………………………………… 86
第一节　人的行为 ……………………………………………………………… 86
一、行为的定义 …………………………………………………………… 87
二、行为与空间的对应 …………………………………………………… 87
三、人的状态与行为 ……………………………………………………… 89
第二节　行为特性 ……………………………………………………………… 89
一、行为的把握法 ………………………………………………………… 89

二、人在空间的流动特性 … 90
　　三、人在空间的分布特性 … 94
　第三节　人的行为习性 … 95
　　一、左侧通行 … 95
　　二、左转弯 … 95
　　三、抄近路 … 96
　　四、识途性 … 96
　　五、非常状态的行为特性 … 96
　第四节　人群行为 … 97
　　一、人群行为的把握 … 97
　　二、人群行为特性 … 97
　　三、恐慌 … 99
　第五节　行为模式 … 100

第七章　社会文化环境 … 102
　第一节　政治环境 … 102
　第二节　经济环境 … 102
　第三节　文化环境 … 103
　　一、影视传媒 … 104
　　二、风尚与时弊 … 104

第八章　室内环境构成 … 106
　第一节　出入口 … 106
　第二节　地面 … 107
　第三节　墙面 … 108
　第四节　顶棚 … 109
　第五节　门 … 110
　第六节　窗 … 110
　　一、房间的开放性 … 110
　　二、窗的机能 … 112
　　三、窗用玻璃 … 114
　第七节　楼梯 … 115
　第八节　盆栽 … 116
　第九节　装饰与家具 … 117

第九章　室内环境与行为计划 … 119
　第一节　卫生空间 … 119
　第二节　教室空间 … 120
　第三节　餐饮空间 … 121
　第四节　医疗康复空间 … 121
　第五节　办公空间 … 123

第十章　室内环境评价 … 125
　第一节　POE概述 … 125
　第二节　POE的相关要素 … 126
　第三节　POE的测定 … 126
　第四节　室内环境舒适性 … 127

一、声环境的舒适性 …………………………………………………… 127
　　二、光环境的舒适性 …………………………………………………… 127
　　三、热环境的舒适性 …………………………………………………… 128
　　四、空气环境的舒适性 ………………………………………………… 128
　　五、空间环境的舒适性 ………………………………………………… 129
　　六、影响舒适性的其他环境要素 ……………………………………… 130
　第五节　室内环境评价的程序 …………………………………………… 131
参考文献 ……………………………………………………………………… 134
后记 …………………………………………………………………………… 135

第一章 绪 论

我们将要探讨的室内设计环境心理学,乃是在建筑设计中室内设计领域部分,就存在于其中的环境心理学问题,进行讨论,以寻求其中隐藏的秩序和寓意的规律。

人类生存的四大要素,食、衣、住、行,自有人类开始,就是并行存在的。它们之间的产生与发展虽有先后,但都是随着时代的前进,而不断向前发展。人们要生存,首先要吃饱肚子要果腹;要御寒防晒要蔽体;要有安全的睡眠休息场所,这就要有个"窝"有个"家";还要有路,以便进行社会交往,有路便要有交通工具。其实,现代交通工具汽车、火车、轮船、飞机,分别也是在不同领域里活动的"居住空间"。这些空间的内部,具有同陆地上的"家"相同或相似的功能,也存在内部空间设计问题,即车内设计或船内设计。

人类的早期,只能利用自然,寻找能够用以栖身的自然洞穴;进而能够改造自然,在自然洞穴基础上加以人类的劳动、加工改造,使之更适宜于人类的生存。在进入文明社会以后,人类才逐渐创造出具有现代生活意义的建筑物。从利用自然、改造自然,到创造出具有现代意义的建筑物,是经历了漫长的岁月,付出了巨大的代价,这是一部艰巨而光辉的人类建筑发展史。今天遍地可见的高楼大厦,是人类创造智慧的结晶,不论是古典的建筑遗产或当代崭新的摩天大楼,都是人类文明发展到一定历史阶段的时代标志。而每前进一步,都意味着,又有人类新的创造智慧体现在新的建筑物中来。一部建筑科学技术发展史充分的说明了这一点。

我们所要探讨的室内设计环境心理学自然地属于人类居住要素中的一个新课题,自然从属于建筑物,是建筑物的一部分。室内设计应当说是建筑设计的一部分,而环境心理学应当被看做是室内设计的原始依据,也应当被看做为室内设计的评价标准。

一个城市是由成千上万个建筑个体,并由这些个体组成建筑群,又由多少个建筑群构成庞大的城市。而每一栋建筑物,都是经过建筑设计来完成的。这样的建筑设计必然含内外两部分,室外部分称之为建筑造型设计,室内部分称之为室内空间组织设计,最终通过大量的平面图、剖面图、立面图等技术手段,将建筑设计完整的表达出来。本书所探讨的室内设计,仅限于建筑设计的室内部分。而这种室内设计是在建筑空间组织大局已定的前提下所进行的室内再设计。其目的是使建筑室内空间更好地为使用者创造一个安全、健康、方便、舒适,并含有人们所期待的文化气息的室内环境。

现代室内设计的依据,不仅决定于建筑设计给定的建筑空间组织大局,而更重要的是在这个框构下去创造适合使用者心理需求的室内空间环境。这就需要了解、研究和掌握环境心理学,使环境与使用者相互适应,使环境宜人化,从而改善环境质量,提高人们的生活行为素质。

第一节 建 筑 设 计

这里所讨论的建筑设计,就其内容来看,实质上包含两个不同阶段的两种不同内容。其一,是指建筑物在建造和在进行具体设计之前,由设计者和委托设计人,事先对拟建筑物进行全面的、周密的预测性策划,即可行性立项研究。按照未来的近期和远期使用要求确定规模计划;根据建设基地条件进行场地配置规划;根据已定功能内容确定空间组合及其流线组织;根据对使用者行为预测确保灾害疏散安全措施;为确保预期策划目标的实现,需以现代化的经营管理机制,控制综合建筑效益。

使用要求,即建筑物的功能内容。对其策划必须兼顾近期与远期,甚至考虑改变功能的可能性。

规模计划,决定于呈模糊状态的市场需求与委托设计或投资者主观投资力度的统一。也是客观需要与主观能力的有机结合,科学的统一。

确定空间组合,这是落实比较具体的配置计划,是建筑物使用功能的具体组织与配置。

流线组织，必须兼顾平常时期与非常时期两种状态。平常时期建筑物的流线组织，一般会给予充分的考虑；然而对非常时期流线的变化，往往重视不足，这往往是现实生活中酿成灾害的关键因素。因此，必须对非常时期，如地震、火灾、空袭等紧急情况下，可能产生的安全疏散问题，进行模拟预测，充分估计到在各种情况下可能发生和出现的问题，尽最大可能在策划阶段予以解决。

经营管理，对于保证建筑效益十分重要。有许多优秀的建筑物，由于管理水平不到位而达不到预期目的，这种实例屡见不鲜。在策划阶段就要兼顾到现代经营管理的相应措施，使之成为前期策划内容的有机构成。

上述全过程就是建筑设计的策划阶段，可称为建筑计划阶段，可以理解为建筑设计的前期工作或可行性立项研究工作。这段工作意义十分重要，是属于战略决策性工作，是否深入细致周密，将直接影响到未来工程建设完成后的质量和建筑设计是否成功。在日本将这段工作视为建筑设计的基础工程，在大学里专门开设建筑计划学，教授相关知识，可见其重要性。在建筑计划阶段，除对上述技术性领域进行周密预测规划之外，尚会对拟建工程的内涵赋予文化信息要求，特别是民族文化传统意识，常常成为建筑物的文化主旨。

其二，在经过周密策划，即完成建筑计划工作之后，进行落实计划的具体设计工作，这就是我们经常意义所说的建筑设计的内容和程序。根据建筑计划所提出的任务要求，即功能内容通过图纸的形式，逐项逐步落实定案。这个过程是逐步深入逐步完善，最终按施工操作技术要求，形成系统的用做建造施工依据的设计施工图纸。通常把这一过程称为建筑设计，设计过程同时又是建筑计划进一步完善充实的过程，许多在建筑计划阶段没有显露出来的问题，在深入设计过程会逐渐暴露出来，这就要求必须在建筑设计过程中予以完满解决。

一、构　　思

建筑设计任务可能只有一个，然而其答案则会很多很多，众多答案的存在，就在于设计构思立意的不同。新颖的立意，独到的构思，辅以纯熟的表现技巧，是设计师获得成功的必备前提或基础素质。

幼儿园的老师，让小朋友画一栋房子，小朋友会毫不迟疑地用看似笨拙而灵巧的小手，在白纸上画出儿童心理想象的房子，有窗有门有顶；当让他画个高楼，他会将窗子叠摞起来，画得很高很高。但是让他画出房子的平面图或房子的内部，他却画不出来。

一个成熟的建筑师，在进行构思落笔时，总是先从总体形象开始，从模糊抽象到清晰具体，从粗到细，反反复复的推敲，才逐渐成形。在这个过程中已经在头脑中蕴藏了诸多环境因素与功能需求。先从外部开始从宏观上构思造型，再深入内部逐一落实功能所需要的内部格局。从外向内，再从内向外，反复多次最后形成体现某种文化特色的建筑设计。

不论幼儿或成熟的建筑师，在思考建筑物时，都始于形象思维，都要在头脑中建立形象概念，才能逐渐表现出来。不论画出来或设计出来都只是表达形象思维的技术手段。

在建筑界经常讨论建筑风格的"形似"与"神似"的问题，其实不论"形"或"神"都要通过"似"，让人能感受到，通过视觉器官让人能感知理解，其中离不开形象感受。

设计构思的过程就是建筑设计方案成形定案的过程，是决定设计成败的过程。这个阶段是创造思维处于支配地位，每一环节都要求设计师充分发挥创造想象能力。

建筑设计经常称之为建筑创作，缺乏创造想象能力的建筑师，没有独到的创造性的指导思想，不可能创造出"惊人"的成功建筑作品，最多只能属于再造想象，再现或模仿他人的设计，跳不出现实已有的建筑模式，其结果就难免重复再现，大同小异，千篇一律，缺乏个性，缺乏新意。

独到的创造想象能力是建筑设计的灵魂，创造想象能力的培养是建筑师不断成熟的过程。不仅如此，所有的科学创作，每一项富有成果的科学研究活动，都是创造想象的结果。

在创作领域，常常会议论创作灵感问题。必须承认，人的思维随着主观生物钟的变化，客观诸多环境因素的变化，其敏捷程度、兴奋度高低、积极性的强弱、综合分析概括能力会有所变化，当上述各因素处于最佳状态时，会突然产生富有创造性的思路，即所谓迸发灵感。灵感的产生并非天赋，而需要在创作活动中艰苦学习，长期实践，不断积累经验，不断更新知识和观念的结果。有的人喜欢夜间工作，有的人喜欢清晨伏案，有的人在思维进入兴奋域时会连续作业、废寝忘食，这都说明人们灵感发挥是因人而异的。

二、设　　计

构思的过程，其核心是创造思维在发挥作用，将诸多待解决的矛盾问题，综合容纳在一栋建筑或一个群体，甚至几个群体之中，成为令人信服的建筑设计方案。而设计则是将构思方案深化、落实，使方案具备实施的切实可行性。设计的过程，多属于再造思维过程。根据语言的表述或非语言的描绘，借助于图样、图解，进行有关事物的想象，称为再造想象。在已有方案基础上，进行深化设计则属于再造思维劳动。一般来说，再造思维比创造思维要容易一些，常常有可以借鉴的模式、资料、规范，其中重复性内容较多。

我国现行建筑设计大致分为三个阶段。

初步设计阶段，是设计构思的落实成型定案阶段，其依据就是设计方案构思。但是构思方案深度不可能达到设计要求，这就需要在初步设计阶段予以深化，把需要解决的空间组织，相互联系，人流活动，安全疏散，以及构成建筑物的结构系统和材料应用等问题综合落实定案。

技术设计阶段，是在初步设计基础上，对各种技术问题的定案阶段。其设计内容包括整个建筑物和各个局部的具体尺度的确定，具体做法和内外装修设计；结构方案的选定、设计和计算，各种设备系统的选定设计和计算，以及设计预算的编制等等。这些工作必须在各相关技术工种共同参予和协商之下完成。力求获得最佳的建筑经济效益。

对于小型的比较简单的工程，技术设计阶段可以省略，把这个阶段的一部分工作纳入初步设计阶段，这时的初步设计称为扩大初步设计；另一部分工作留待施工图设计阶段完成。这样三阶段设计就变成了两阶段设计。

施工图设计阶段，是在技术设计基础上，将设计意图和全部设计结果，用图纸表达出来，对于每一部分详图，都要确定尺寸、材料和做法，作为施工操作的依据。施工图设计质量直接影响到建筑的质量。当前的建筑市场许多建筑质量不尽人意，除了施工偷工减料质量差因素之外，设计单位的施工图质量不高，深度不够，交待不清，也是个重要因素，有的甚至缺少施工图，任凭施工单位现场处理，自然难以保证施工质量。

第二节　室　内　设　计

室内设计是建筑设计的室内部分设计，在历史上从来都是建筑设计不可分割的一部分，是设计最终结束的一部分，没有室内设计也就不存在建筑设计。提供给使用者的建筑空间必须是完整的、不需要再加工的安全、健康、方便、舒适的使用空间。不仅设计过程一气呵成，而施工操作也是一次完成的。所以在历史上做为建筑设计的一部分，不太强调室内设计的独立意义，往往以室内装修与装饰处理来表现室内空间效果。这些装修与装饰大多都是湿法作业，与结构主体工程相继完成，往往会因此而延长施工周期。随着近现代科学技术的发展，新型建筑材料的出现，为缩短施工周期，力求减少湿作业，逐渐推行干作业，将室内装修装饰工程与传统施工方法逐渐分化，分离成建筑装修工程。这种分化在先进工业化国家比较早，而在我国80年代形成热潮，近年甚至普及到普通百姓的居室住宅。

这种发展并非简单的表现在装修材料和施工技术手段上的变化，而标志着建筑设计领域的内容和使用者生活观念上的变革，是社会经济发展到一定的水平，人们消费观念变化的体现，从而推动了室内设计行业的发展。另一方面，由于现代人的生活内容日益丰富，对于建筑空间的要求不仅多样而又要不断变化，原来稳定不变的某一种室内空间格局已无法适应，这就从客观上提出了室内设计摆脱建筑设计的趋势，出现了既不能脱离建筑设计而又独立于建筑设计的室内设计行业。在现实生活中室内设计或独立成为室内设计公司，或者附属于建筑设计院，成为建筑设计院的室内设计室。

一、包装与装修

近年来随着市场经济的发展，包装行业渗透到各个领域。许多商品，不论真假都要经过包装流入市场，使包装成为依附于商品而又不具有商品使用价值的附加商品。有的商品包装所占成本甚至远远超过商品自身成本。那么商品为什么要包装？

对于某些商品，如处于液态、散装商品，包装是以盛装容器的形式出现，是必不可少的；还有些商品在贮藏运输过程中需要避光防晒、防潮湿、防震、防污染，靠包装保护，这也使包装成为商品不可分割的附加部分。

包装还具有向顾客传递商品性能信息的作用，常常在包装的表面附以商标广告，以使顾客放心选购该商品。

商品生产厂家，为了促销力求美化商品，所以非常注意包装外观的美化功能。脱离商品内容，片面追求包装美化功能，往往成为商家经商的一种不正当的手段。大量的假冒伪劣商品流入市场，就是靠这种虚假的包装欺骗顾客。

当前建筑市场装修行业十分兴旺。装修在某种程度上与商品包装有类似之处，但是又有本质的差别。商品包装不论投入多少成本，不论如何精心美化，最终都要被抛弃，而不能具备商品的使用功能。这种包装功能随着商品的用尽消失而随之消失，它的功能作用属于暂时的，只具瞬间意义。

而建筑装修则不同，它虽然具有对建筑物室内外实体的保护、美化包装作用，但它是不脱离实体的包装，它附着于建筑实体而持续存在，持续发挥使用功能。建筑装修形式的包装，最终演化成为建筑物的有机组成部分，成为使用者在使用过程中不可缺少的部分。

建筑装修是建筑设计的延伸。室外装修所选择的材质、色彩、做法是由建筑设计师所决定的，是建筑设计立意构思的体现。室内装修则是室内设计的延伸，是室内设计意图的体现。而商品包装与商品内容之间并无必然联系，同样商品可以更换任何包装，这就使商品包装蕴涵着欺骗性。

二、室内设计

商品包装也是要经过设计的，但同室内设计不同。我们已经指出，室内设计是建筑设计不可分割的一部分，是建筑物设计的室内空间部分的设计，它必须在统一构思下，贯彻体现统一的建筑意愿，即统一的文化内涵。室内设计不能简单等同于室内装修。室内设计是起于建筑设计，止于室内装修的全过程。

社会市场上装修公司遍地皆是，他们都在进行室内外的装修工程施工，但是良莠不齐，有些人不具备装修资质和资格也在从事装修工程。装修工程仅仅变成装修材料的杂乱堆砌拼贴，毫无艺术可言，胡乱运用材料，其效果可想而知，但是材料商和装修公司却赚了大笔装修费。

室内设计涉及的范围十分广泛，所有建筑物的室内部分，都是室内设计的内容。若以住宅为例，门厅、楼梯、走道、过厅、厨房、卫生间、起居室、卧室，都需要室内设计。再以宾馆为例，门厅、中庭、走道、楼梯、电梯、办公室、卫生间、客房、餐厅、舞厅、……等等，无一不需要室内设计。设计过程必须着眼于使用对象体能心态特征，保证不同对象的安全、健康、方便、舒适的使用要求。在这个前提下，科学地有针对性地选择材料，以获得符合使用者要求的投入较少、效果较佳的恰如其分的综合效果。室内装修只是体现室内设计意图的表达手段，每一种材料的选用，色彩的搭配，都是室内设计所要达到的意境的构成因素。

做为室内设计的服务对象，是建筑物的直接使用者。而这些使用者又各具特征，不仅有民族、性别、年龄、职业的差异，而且还有文化、情趣、爱好的不同，这就说明使用者的要求是异常复杂的。

现代室内设计已经超出依附于建筑实体的室内空间设计，还延伸到了室内空间附属物的设计，如家具、陈设、卧具、灯光照明……设计。这就要求室内设计师具有广泛的生活知识，具备综合处理上述各领域设计的能力。

室内设计最终落实在人身上，要依人的意志为设计依据，因此环境心理学，研究人的心理与环境之间相互关系的学科，则成为室内设计师必须掌握的基础理论知识。室内设计则是为人类塑造安全、健康、方便、舒适、富有文化情境的育人环境工程，其意义是巨大的。

第三节 生活中的环境心理学

让我们先从生活中的几个实例来看一看环境与人的相互关系，这对进一步全面深入理解环境心理学或许会有些帮助。

一、孟母择邻

早在 2300 多年前的战国时期，我国历史上曾出现一位被尊称为"亚圣"的思想家、政治家、教育家，这就是孟子（公元前 372～公元前 289 年），其名轲，字子舆。孟子的母亲，为了培养教育自己的儿子成才，三迁择邻，对于后来孟子成才，成为儒家学说的继承人，不无影响。后人尊孔子为"至圣"，尊孟子为"亚圣"，可见孟子在中国历史文化中的地位。当时孟子的母亲虽然还很难说是一位环境心理学家，但是深谙环境育人的朴素哲理却不能不令人敬佩。

二、近朱者赤，近墨者黑

明代的无心子《金雀记·临任》中有这样一段话："近朱者赤，近墨者黑。老爷既能作赋，小人岂不能作歌。"意思是说，靠近朱砂易染成红色，靠近墨就会变黑。比喻人会因环境的影响而改变其习性。接近善良的人，其他人也会接受其影响，而改变个性，成为善良人。在这里也强调了环境的作用。

三、"狼 孩"

早在 50 年代，在印度的某地荒野中发现一个"狼孩"，其外观形体面孔完全是人的模样，然而却生活在狼群中。据分析这可能是一次偶然机会，一个婴幼儿失落在野外，后被野狼发现，并被"收养"，由母狼哺乳喂养长大。由于长期生活在狼群中，逐渐养成"狼性"，失去了"人性"。学会了狼嚎、四肢走路、用嘴啄食、不懂人语。

四、幼儿语言训练

生活中有这样的事例，孩子的父亲是操汉语的中国人，而母亲是操日语的日本人，从小在两种语言环境中成长，入小学以后孩子在课堂以及和小朋友玩耍时，说汉语；放学回家说日语，这样逐渐同时掌握了两种语言。还有，操不同民族语言的父母亲，领养了另一个民族的婴幼儿，这个孩子自然学会了领养父母的语言，同时也就忘却了自己民族的母语。在这个语言训练过程中，都正好发生在儿童的发展成熟期，这个时期儿童的可塑性极强，语言的训练或改变并不十分困难。在没有掌握文字和语法之前，已能熟练的表达意愿了。

五、场所精神

场所可以理解为更广意义的环境，上自国家、地域，下至一山一水，一栋建筑物，一棵树，都是场所构成的元素，所有场所都是由天与地的具体特质所决定的。场所精神是人所表现出来的，其成长场所赋予人以特性或者烙印。场所精神的形成，产生于山、水、建筑物赋予场所的特质，并使这些特质和人产生亲密而难以割舍的关系，这就是乡土挚情（彩图 1.1）。

我国民族对自己的祖国，出生的场所环境，向来怀有深厚的感情，故土难离就是这种感情的概括。每当人们背井离乡外出远行时，总有一种难舍难离的思乡情。有些侨居异国他乡的老华侨，甚至到了晚年，还希望落叶归根，返回故里，可见其故土乡情之深。

场所精神，还表现为人的素质在其形成过程中场所所赋予的特质。我国江南水乡，山清水秀水网纵横，傍水筑居，小桥流水，锦绣田园，人杰地灵，美如天堂。这里的人民不仅秀美，心地善良，而且精明能干，善于精耕细作，精打细算，具有事不成功誓不罢休的性格（彩图 1.2）。

我国东北地区，地大物博，人烟稀少，茫茫大地，到处是资源，随处是宝藏，严酷的气候，造就了人们粗犷豪爽，待人热情坦荡的性格和不拘小节，缺乏精益求精的韧劲（彩图1.3）。

反映在人们身上的场所精神，还可从人们的"取名"上表现出来。我们身边许多人的名字，常常都有一段有趣的来历。大多数人都是父辈给取定的，但也有少数人是后来改取的。不论哪一种情况，其中都寄托或寓意某种期望、意愿、祝福，或感情，蕴蓄着文化内涵。而其原始动因又常同所处环境相关。这里所涉环境，既包括自然环境、地理环境，也包括社会环境、政治环境、文化环境、人文环境。例如，有的人以名山胜水取名，×华山、×长江；或以出生地取名，×京生、×滨生；还有的在特定的历史条件下改名或取名为，×造反、×文革；还有为了纪念或崇拜某位伟人、名人，在取名时，借用其一字或两字；有的为了发财致富，取名为，×富贵、×广财；有的为望子成才，取名时以坚、强、刚、毅相勉；对于女孩则多同美貌相联，取名常与花卉、美姿相联。

场所精神不仅赋予人以某种特质，反之，人也会以已经形成的某种特质去创造人为景观，使之具备自然景观的某些元素，这人为景观就是人工环境。这种特性反映在各个民族，具有普遍性。但表现形式会不同，这就是不同的文化内涵。人们对自然环境具有普遍的爱，特别是现代噪杂的城市，促使人们更向往自然，回归自然。我们从园林环境中可以看到这种倾向，各国园林普遍受到欢迎，各国园林又都蕴藏着丰富的民族文化内涵，创造出了优美的微缩自然景观。彩图1.4为苏州园林；彩图1.5为日本园林；彩图1.6为美国园林。这不同的园林风格，表现了不同的民族文化与性格；前者更崇尚自然主义，浪漫主义，微缩自然高于自然。而后者注重理性，强调几何形体，哲理性更突出。日本园林则比较精细，小巧玲珑，兼有东西方之所长。从园林这种特定场所可以看出，不同民族的文化内涵及其民族性格。

第四节 环境心理学及其发展

在我们接触了生活中的环境心理学一节之后，再来讨论环境心理学就比较容易理解了。

改革开放以来，在我国对心理学的研究，受到了社会广泛的重视，相继出现了服务于各行各业的应用心理学。其中既有外国著作的翻译作品，也有我国心理学界自己的著作。随着社会物质文明的高度发展，科学技术的不断进步，这种形势的出现是必然的。在这个过程中也产生了环境心理学。

一、什么是环境心理学

环境心理学在几年前还是一个不常听到的新词汇。今天，在社会上还不像古老学科那样易为人们所领会。什么是环境心理学？简单地说，它是"研究环境与人的心理之间相互作用、相互关系的学科"，或者说是"研究人与周围环境之间关系的学科"。这是一门将心理学引进建筑或环境，形成一门跨两个领域的边缘性学科，毫无疑问是一门新兴学科，至今对它的理解还不尽一致。心理学界认为环境心理学是心理学的一个领域，它分析研究人的经验与行为之间的相互作用和相互关系，是就人与环境之间相互关系给予系统说明的领域。而建筑学界认为，环境心理学与心理学其他领域有明显的差异，环境心理学着重研究人与周围社会的、物理的环境关系，重视利用现代科学技术手段，探讨解决存在于人与环境之间未被认识的问题的途径。研究环境心理学离不开普通心理学的基础知识，但是环境心理学着重研究的是环境，尤其着重研究物理环境和心理评价。

环境心理学不仅同建筑界关系密切，若超越建筑领域，超出建筑环境，各行各业都受相应的社会环境所制约，因此广义的环境心理学自然包括社会领域，含有社会环境心理学的内容。环境心理学与建筑学、都市计划学、特别是与室内设计……以及普通心理学有至为密切的关系，它一方面研究居住（广义的）环境对人的心理影响（刺激）；另一方面研究人的心理需求对居住环境提出的要求（反馈），进而根据人的心理需求，调整、改善、提高居住环境质量。

二、环境心理学的发展

两千三百年前孟母所处的时代，虽然还不能总结概括出现代意义的环境心理学概念，但是已经能够理解并运用环境，择邻育子，其中已经蕴涵着朴素的环境与行为的相互制约关系。三百多年前的明代，人们就用

"近朱者赤，近墨者黑"的名句，说明环境对人的影响。这些事例，标示着智慧的中华民族早已在运用环境心理学的作用。

作为现代环境心理学，最早可以追溯到上个世纪后期，德国人沃尔芬发表的《建筑心理学序论》。相继又有一批学者从事开拓性研究，1908年美国地理学者加利弗（F·P·Galliver）发表了"儿童定向问题"；1913年美国科学家特罗布里奇（C·C·Trowbridge）发表了"想象地图"。比较系统地研究始于30～40年代，其代表人物是列文（K·Lewin）和布隆斯维克（E·Brunswik）。列文的场理论是第一个考虑物质环境的心理学理论。布隆斯维克先从事环境知觉研究，后来详细地分析研究物质环境影响行为的方式，是他1934年开始使用环境心理学（Environmental Psychology）的名称。1947年美国堪萨斯大学心理学家巴克（R·Barker）和他的助手在美国小镇米德韦斯特建立了心理学现场实验站，研究真实行为场景对行为的影响。这项研究坚持了25年，发表了一系列有关的论文和专著。1957年加拿大的研究者通过对精神病人的研究，提出了社会向心空间（空间组织促进小群人相互交往）和社会离心空间（空间组织妨碍小群人相互交往）的概念。1958年美国的伊特尔森（Ittelsan）、普罗尚斯基（Proshansky）等人发表的研究报告"影响精神病院设计与功能的一些因素"，是早期环境—行为现象的系统研究之一。这篇研究报告当时影响很大，促进了跨学科的环境心理长期研究计划的制订和学科的发展。

60年代末和70年代以来，这一领域的研究，不论在心理学界和建筑学界，都取得了迅速发展，进入了由原来分散到合作研究的新阶段。1968年6月美国成立了环境设计研究协会（Environmental Design Research Association），这是世界上第一个研究环境与行为的综合性学术研究团体。该协会于1969年召开了首次年会，同时创刊了《环境与行为》杂志，此后EDRA每年召开一次年会。该协会实际上是一个跨国际跨学科的国际性学术团体。其成员除美国人之外，尚有加拿大、英国、德国、日本、澳大利亚、新西兰等诸多国家的建筑师、心理学家以及其他环境学科和社会科学家参加。1969年英国召开了首次建筑心理学讨论会，它是后来1981年欧洲成立的国际人间环境交流协会（International Association for the Study of People and their Physical Surroundings）的前身（International Architectural Psychology Conference），它也是跨国际的学术团体，IAPS的前身IAPC，即国际建筑心理学研讨会。该协会每两年召开一次年会。IAPS，即国际人间环境交流协会1981年创刊了《环境心理学杂志》，这是这个领域最具影响的第二份定期刊物。1976年，美国心理学会（American Psychological Association）又成立了"人口与环境心理学分会"（APA [Division 34] Population and Environmental Psychology）。1980年9月，日本与美国在东京举行了第一次国际性环境心理学学术讨论会，会后日本成立了"人间·环境学会"（Man-Environment Research Association）。

1980年澳大利亚也成立了人体环境研究协会（People and Physical Environment Research Association），简称PAPER。

相对于上述情况，我国关于环境心理学的研究起步较晚，是在改革开放以后，进入80年代以来，逐步开始的。这个时期国家派出一些访问学者，去美国、英国、日本等国，做短期访问考察和学习，引进了这一新学科；与此同时有一些建筑界的专家学者，在国内也进行了不同的探讨，或者从事一些翻译活动，翻译出版了不同国家版本的专门著作，在推动学科发展工作中做出了相应的贡献。近年来已有相当一批中青年投入这个领域的研究，并取得了可喜的成果。1993年7月在中国建筑工业出版社倡议下，由中国建筑工业出版社、哈尔滨建筑大学、吉林市土建学会在吉林市联合举办了"建筑与心理学"学术研讨会，这是第一次就建筑环境心理学科召开的学术研讨会，出席会议的建筑界人士20余人，会议交流论文13篇。这次会议就建立学会组织、开展实验研究、培养专门人才、在高等学校相关专业开设建筑环境心理学课程和出版刊物发表论文等提出五项倡议。会议推选五人负责筹备学术研究会组织，这次会议标志着建筑环境心理学研究进入了新阶段。

1996年8月在大连理工大学召开了第二次"建筑与心理学"学术研讨会，在这一次会议上正式成立了"中国建设文化艺术协会环境艺术委员会建筑环境心理学专业委员会"，并制定通过了学会章程，选举产生了首届常务委员会。出席这次会议专家学者30余人，会上交流论文20篇。中国建设文协环艺委建筑环境心理学专业委员会的成立，是继美、英、日、澳之后世界上第五个同类学科学会组织，标志着我国环境心理学研究又向前迈出了一大步。

按照第二次学术讨论会的决定，每两年召开一次学术交流会，第三次"建筑与心理学"学术研讨会于1998年7月底在青岛建筑工程学院召开，这次会议出席专家学者共39人，其中有日本人间环境学会代表10人，会议交流论文30篇。会议已经跨越了国内会议的界限，成为小型国际学术交流会。

世界上第一本《环境心理学》教科书，是美国人普罗尚斯基、伊特尔森编写于1970年出版的，1976年又经修订再版。此后又有其他几种版本相继出版。

60年代初期到中期，许多大学相继在本科及研究生课程中增加了环境—行为教学内容。最早60年代初由斯蒂、斯塔德、普罗尚斯基和伊特尔森分别在布朗大学、罗得岛设计学院、布鲁克林学院和纽约城市大学正规开设环境—行为课。最早的正规教育计划是1964年在贝利和泰勒指导下犹他大学制定的交叉学科建筑心理学。1968年伊特尔森和普罗尚斯基为纽约城市大学制定了研究生的环境心理学专门化培养计划。到1986年止，北美已有24所大学正式设立了这一领域研究的博士学位培养计划。还有17所大学设立了硕士学位培养计划。

在这个学科领域，美国、英国、日本起步较早，不论在研究的深度、广度，发表的专门论著，或培养教育计划和举措上都处于领先地位。随着我国经济建设的不断发展，人们物质文化生活水平的不断提高，为学科发展提供了良好的客观环境，在借鉴先进国家已有经验的基础上，在不久的将来我国环境心理学研究事业将会迎来一个新的突破。

第二章 以人为本 环境宜人

不论建筑师或室内设计师,他们的工作宗旨都是以人为本,为人创造舒适宜人的环境。我们所讨论的环境,则是以人为中心的人类生存环境。人处于环境的核心,包围核心的周围一切事物、状态、情况的总和则构成了庞杂的环境系统,对这个系统的研究,特别是对生理器官直接感觉到的近距离环境研究,则是室内设计师讨论研究的重点课题。

第一节 人处于环境核心

从形象来看,在任何情况,任何状态下,人都处于环境的核心。不论环境构成多么复杂,我们都可以遵循一定的规律,逐层分解,找出其构成元素。

简单直观地分析,一目了然围绕处于核心地位的人的周围,与人关系最直接、最密切的应属人工环境;在人工环境里已经渗透着社会环境因素;而自然环境则是无孔不入的制约着一切环境因素,它同时制约着社会环境和人工环境,这是无法抗拒、无法逃避的环境制约因素。

一、行 为 构 成

著名的社会心理学家列文(K·Lewin)将密不可分的人与环境的相互关系,用函数关系来表示,认为行为决定于个体本身与其所处的环境。即:

$$B=f(P \cdot E)$$

式中 B——行为;
P——人;
E——环境。

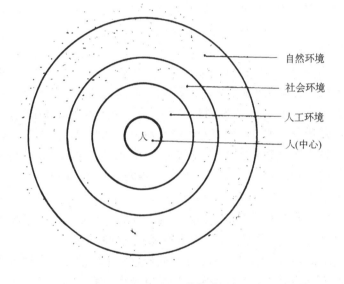

图2.1 环境构成

也就是行为(B)是人(P)及环境(E)的函数(F)。表现出人与其所处的环境,在相互依存中,影响行为的产生与变化。

就个体人而言,"遗传"、"成熟"、"学习"是构成行为的基础因素。遗传因素在受精卵形成时即已被决定,其以后的发展都受所处的环境因素影响,故前述公式可简化为:

$$B=f(H \cdot E)$$

式中 H——遗传。

我们展开来分析行为的发展,其基本模式可概括为:

$$B=H \times M \times E \times L$$

式中 B——(Behavior)行为;
H——(Heredity)遗传;
M——(Maturation)成熟;
E——(Environment)环境;

L——（Learning）学习。

在这里说明行为受遗传、成熟、环境、学习四个因素的相互作用、相互影响。

遗传因素一经形成，即已被决定，后天无法对其发生影响。这种因素影响的结果我们可以从血缘关系上找到许多例证，有些疾病常常源于遗传因素，几代人常患一种疾病，或者生活习性上常表现出惊人的相似性。

成熟因素受到遗传因素和成熟环境两种因素的共同作用、共同影响。一般来说，个体成熟遵循一定的自然规律，先后顺序是固定的，婴儿先会爬后站立，先会走后会跑。但是在自然成熟过程中，其所处环境的诱导刺激因素的作用是不能低估的。胎儿在未出生之前处于母体内环境，就已经在接受环境的影响。母体是否健康，怀孕期营养是否充分，母亲情绪是否正常，都直接影响胎儿的成长。有的聪明的母亲在怀孕晚期用轻松欢快的音乐刺激胎儿，有的母亲卧室床前挂上几幅美丽活泼的幼儿肖像画，这都是在施以环境影响和环境诱导，是通过环境对胎儿进行美育诱导。胎儿出生以后所处的生长环境，对幼儿的成长发育尤其重要。胎儿脱离母体内环境，最先、最直接、最经常接触是母体的体贴，母亲的爱抚。据巴西《这就是》周刊1998年7月15日一期文章报道，哈佛医学院神经生物学家玛丽·卡尔森进行的研究表明，缺乏爱的触摸会影响孩子的成长。对婴儿来说，接受拥抱同饮食一样具有极其重要的意义。缺乏拥抱会造成可的索分泌失去控制。这种不平衡除了干扰生长激素的分泌之外，还会造成其他严重后果。圣保罗大学神经生理学家阿劳若·莫赖斯认为：可的索分泌过多可能导至神经原死亡，使智力发育受到限制。科学已经揭开了这个秘密。大脑将拥抱作为一种积极的情感接受，因而导致一系列神奇的激素分泌，最终促使生长激素分泌增加。依照心理分析学的理论，这一系列反应过程首先从皮肤开始，皮肤是人的机体各种感觉的入口，对人体内发生的一切负有重大的协调作用。

巴西内分泌学家阿拉奥尔·扎罗尼说："从一些在遗传方面具有一切正常条件的孩子身上可以看到爱抚的重要性。这些孩子的父母身材高大，他们也进行体育锻炼，但是成长却不像所期望的那样，因为他们的生长激素分泌水平很低。"原因是这些孩子过去生活在孤儿院里，得不到爱抚，没有人抱，没有人注意他们。若将他们转到另一种家庭气氛很浓的环境中，情况就发生明显变化。

爱不仅对感情的发育有着良好作用，而且是身体成长的强大动力。这就是环境对处于成熟期的幼儿成长的强大作用。在生活中我们观察一些人比较内向、孤僻不合群，对朋友缺乏热情，这往往同他们成长成熟过程中所处的不幸环境有关，或者因父母离异，或者失去双亲，或从小在孤儿院长大，与失去母爱直接相关。

母亲爱抚的形式是多种多样的。她们在抚摸拥抱爱子的同时会引逗婴儿做出各种有趣的动作，会教他们咿呀学舌，会牵手学步，甚至会教他们唱歌吟诗……，这一切既是母爱，又是成熟环境中对婴幼儿的诱导，是一种启蒙学习。这对成熟期幼儿成长意义十分重要，会加速幼儿的成熟，会提高幼儿的智能。反之，不具备这种成熟环境的幼儿，可想而知成熟会晚一些，甚至智能水平也会差一些。

学习因素是个体发展中必经的不可缺少的历程。个体经过尝试与练习，或接受专门的训练培养或个体自身主动的探求追索，使行为有所改变，逐渐充实丰富了知识和经验。学习与成熟是个体发展过程中两个互相关联的因素，两者相辅相成。成熟提供学习的基本条件和行为发展的先后顺序。学习的效果往往受成熟的限制，常有这种现象，有些孩子在小学时期成绩并不突出，贪玩好闹，但到了某一年龄段，智慧"开窍"了，功课突飞猛进，表现十分突出。这就是因为成熟而将潜在学习能力发挥出来的结果。

广义的学习是伴随人的终生的，每时每刻随时都在接触新事物，都在认知，都在学习，只不过表现形式不同罢了。

环境因素是人与环境系统中的客观侧面。上面我们讨论了构成人的主观侧面的遗传、成熟、学习各因素，其中在成熟与学习因素中已经含有环境因素。只是已经涉及到的环境是近距离的、近身的，而我们行为模式中单独提出的环境因素则是广义的；既可是微观的近距离的，又可是宏观的远距离的；既有自然环境，又有社会环境；既可以是利用自然的环境，又可以是加工改造或人们创造的人工环境。

二、刺激与行为

行为是有机体对于所处情境的反应形式。心理学家将行为的产生，分解为刺激、生物体、反应三要项来讨论，即：

$$S \rightarrow O \rightarrow R$$

式中　S——Stimuli 外在、内在刺激；
　　　O——Organism 有机体·人；
　　　R——Response 行为反应。

下面我们用图式来看一看 $S \rightarrow O \rightarrow R$：

人的中枢神经系统，脑和脊髓，是接受收外界刺激及做出相应反应的指挥中心，它既负责接受刺激，又负责对刺激判断后做出必要的相应反应，所以称为中枢神经系统；而在此系统中，脑处于中心地位，处于协调指挥地位。而这一切都是自动进行的，属于自律行为。

就机体来看，围绕中枢神经系统，还存在负责接受刺激的传入神经系统；也存在指挥反应的传出神经系统。有些反应并不都需经过中枢神经系统，在机体外围还存在周围神经系统，可将环境刺激经传入神经系统直接传递给传出神经系统，如图 2.2 中虚线所示。

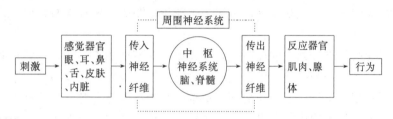

图 2.2　刺激与行为关系示意

机体的神经系统外观是看不到的，而机体接受环境刺激需要借助于感觉器官，健康的正常人感觉器官眼、耳、鼻、舌、皮肤、内脏，直接同外界环境相接触，成为接受外界刺激的桥梁。机体同时存在复杂的反应器官，由肌肉、腺体完成反应动作、做出明确的反应。

刺激一词在心理学上是使用频率很高的词汇，它的含意十分广泛。围绕机体的一切外界因素，都可以看成是环境刺激因素，同时也可以把刺激理解为信息，人们对接受的外界信息会自动处理，做出各种反应。

行为在心理学上也是含意广泛的词汇。心理学是研究人的心理活动规律的科学，其实也是研究人的行为的科学。行为既包括内在蕴含的动机情绪，也包括外在显现的动作表现。机体接受刺激必然要做出反应，这种反应不论属于内在的或者是外现的，都是行为的表现形式。

构成刺激的源泉，十分复杂，图 2.3 将刺激源做了归纳分类。

就刺激来源，可分成来自体外和来自体内两个方面，前者称为外在刺激，后者称为内在刺激。外在刺激又可分为物理性刺激和心理性刺激；内在刺激可分为生理性刺激与心理性刺激。

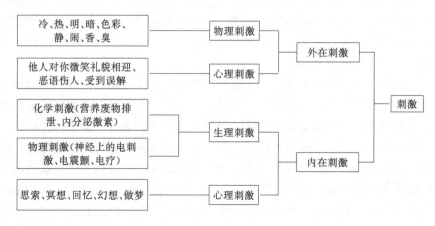

图 2.3　刺激分析示意

外在物理性刺激，在生活中随处存在，可以通过人的感觉器官而感受到。皮肤可以感受到环境温度的冷热；眼睛可以看到色彩和光的明暗；耳朵可以听到悦耳的美声也可以听到喧闹的噪声；鼻子则可以区分空气中的气味或香或臭；舌头则可以对入口的食物饮料品尝其苦辣酸甜咸以及其他美味。这些外在环境物理刺激通过人们的感觉器官，经过传入神经纤维，到达中枢神经系统，产生各种感觉。

外在社会性刺激，也是生活所不可避免的，只不过刺激形式会有所不同。人们在社会交往中总会接触到不同的对象，有人很有教养，待人有礼貌，微笑相迎，这会使你感到欣悦；反之作风粗鲁，甚至恶语伤人，会带给你意外的烦恼；还有时你的善意被人误解，引起误会，也给你带来委屈感。这些社会性的心理刺激，也要借助于感觉器官，借助于视觉和听觉才能到达大脑神经中枢，产生情感上的反应。就是说，不仅物理刺激要经由生理感觉器官，外在心理刺激也要经由生理感觉器官，只有健康的正常人才能充分发挥生理感觉器官的接受刺激功能，一个耳目失灵的人就无法进行全面的社会交往，也就无法获取充分的社会性心理刺激。

内在刺激是不依赖于身体外表感觉器官而产生的刺激。其中生理刺激虽不直接借助于身体外表感觉器官，但需借助于体外刺激因素。如化学刺激，人们日常饮食消化过程中营养物被身体吸收，废物被排出体外，内分泌激素的变化等等，既表现为生物化学过程，也属于生理化学刺激。这种刺激表现为自律性，人的主观意识是不能控制的自动过程。

内在生理刺激，有时也会借助于外在物理刺激，但其途径并不借助于身体外表感觉器官，而是借助于物理手段，如在医疗过程中对神经系统的电刺激、电震颤、电疗等，均属于生理物理刺激。

内在刺激不仅产生于生理，也产生于心理活动。日常生活中每人都会经历过独自思索、冥想，或者回忆过去，或者幻想未来，或者在梦境中遨游世界。这一些思维活动，并非直接现实的感知活动，然而会在心理精神世界产生情感上的影响。有的人独处时，当回忆起过去发生过的某件不愉快的遭遇，现在还会心情激动愤愤不平；还有的人，梦中遇到某种不吉利的事物，甚至长期抑郁寡欢，严重的影响心理健康。这种心理刺激对人的精神和身体影响都是不能低估的。

上述一切刺激现象都可以理解为环境对人体的直接或间接影响，处于核心地位的人体，在接受刺激后都会做出相应的行为反应。个体行为反应是通过反应器官来实现的，然而社会性的群体反应则是更为复杂的过程。人们在接受自然环境和社会环境的双重刺激后，会相应的创造出人工环境，成为社会性的行为反应。人们创造的人工环境更适合生活，是克服自然环境与社会环境的不利因素，而优化了的人居环境。这种具有高度文化内涵的人居环境，不仅改善了人们居住生活质量，而且会改善提高人们自身的行为素质。这是研究环境心理学的宗旨所在。

第二节　环　境　构　成

就自然界而言，人类也是自然界构成因素之一，只因为人类是高等动物，处于支配地位，因而成为环境构成的核心。但是人类并不能超脱或摆脱环境的制约，就这一点来说，人类与其他生物并无区别。在自然界所有生物都具有适应周围环境而生存的能力。假若不能适应环境，它就必然会被自然淘汰；反之若适应得好，就会生存，就会发展。这是一条普遍规律。

这种生存适应是在竞争中或斗争中实现的，是要根据所处的具体环境，采取一定的措施，创造一定的条件，才能适应环境而生存。最典型的例子就是动物的筑巢，寻求一个可生存的巢穴，当然还要有赖以生存的猎物。就人类而言，对待环境，不仅是被动的适应，而是通过劳动，通过一定的加工措施，使之变为容易适应的积极环境。人类也具备适应气候和水土的能力，但是生来所具备的这种适应能力是有限的，为了很好地适应，人类就要经受沉重的负担，付出艰巨的劳动，与天斗与地斗。自古以来人类就努力以人为建造的环境代替自然环境，不断地想方设法克服严酷的自然条件。正由于人类逐渐学会制做衣服、建造房屋、取火熟食，因而扩大了地球上的居住领域。衣服可以用来御寒防晒，防止外界损害和污染，从而使身体感到舒适爽快。建造房屋可以抵御寒冷、日晒、风雨和外敌对身体的侵害，从而扩大了人类活动空间。由于有了火，可以用来取暖、照明，进行熟食烹调，从而增加了食物的种类、延长了寿命，增强了人类的繁衍能力。

常识告诉我们，环境是包围人们周围一切事物的总和，其内容与构成极其复杂。由近及远其构成包括：衣服、居室、近邻、城市、农村，乃至全国、全地球和无限广阔的宇宙空间。作为这种多层次结构的构成因子，还有：空气、各种气体、水、矿物、动物、植物等等。作为环境构成因子，还要考虑到自身以外的人际关系、家庭、近邻、学校、工作场所等社会文化环境。社会文化环境又带有时代的政治、经济、文化特征，这些因素都是环境构成因子。综合起来，可以说，环境是由自然环境、人工环境和社会环境三种因素构成的极其复杂的综合体。复杂的多重环境不断地对人的身心施加影响，而人们对此一边作出反应，一边适应而生活着。

按环境的构成因子的性质及其与人的适应方式，环境构成分类如表 2.1

环境构成与人的反应　　　　　　　　　　表 2.1

环 境 条 件	构 成 因 子	调 整 与 适 应
物理环境	温度、湿度、气流、气压、声、光、放射线等	生理的；器官能力
化学环境	空气、各种气体、水、粉尘、化学物质等	生物化学的；酶素能力
生物环境	动物、植物、微生物等	免疫学的；细胞能力
社会环境	家庭、工作场所、学校、近邻等	精神的；大脑能力

第三节　自　然　环　境

日本学者长田泰公对环境构成做成表 2.1，这是立足于公众卫生角度来分析环境构成与人体的相互关系，强调了近身的直接环境与人的身心关系。

就室内设计环境心理学而言，涉及到的环境范围似应更宽广一些，自然界宏观环境是控制影响制约近身微观环境的前提。

人类赖以生存的地球，是一颗在漫无边际的宇宙中，闪耀着生命火花、绚丽多彩的行星。地球的年龄根据科学判断已有 50 至 60 亿年。而人类出现的时间则较短，不过 200 至 300 万年。有文字记载的历史就更短，仅有 6000 余年。自然界在人类出现很久以前，它就已经历了漫长的岁月。当自然界发展到一定阶段，具备了一定条件，人类才逐渐从动物界分化出来。从而使整个自然界进入了一个高级的、有人类参与和干预下发展的新阶段。自然界为人类的生存和发展提供了所需要的一切物质条件，其中包括必要的土地和活动空间，适宜的温度和湿度，一定数量的空气，清洁的水源，维持生命活动及物质生产所需要的各种形式的能源和资源（阳光、矿物、动物、植物资源）。

自然环境是个极其复杂极其丰富的自然综合体，有许多领域还没有为人们所认识，或者认识得还很不深透，正有待于人们去发现、去探索。自然地理学通常把地球表面构成自然环境的诸因素，分别划分为大气圈、水圈、生物圈、土圈和岩石圈等五个自然圈层。各自具有一定的厚度，大体上又相互平行。地球的外层是大气圈，大气圈的下面是由海洋及陆地水组成的不太连续的水圈。地球表层外壳称为地壳，其构造厚度很不均匀，最薄处不足 10 公里，最厚处达 70 公里以上，其平均厚度约为 33 公里。地壳由地表岩石风化形成的土壤和坚硬的岩石组成，分别称为土圈和岩石圈，也可以统称为岩石圈。在大气圈、水圈、土圈及岩石圈相互渗透、相互交织的地方，生产繁殖着大量的生物，构成有生命活动的生物圈。上述每个圈层，其内部还含有许多复杂的层次。实际上各圈层既可视为一个独立的系统，同时又互相渗透、甚至重叠，共同组成一个统一的整体，这就是宏观的自然环境。

地球外圈环绕着总厚度达 2000～3000 公里的大气层。大气层的空气密度并非均匀，离地球表面越远越稀薄。下层气体成分中氮约占 78%，氧约占 21%，氩和其他微量气体总和约占 1%。空气对人类的重要性，首先在于维持生命所必需的呼吸活动。大气圈像一把透明的"保护伞"，有效地防止每秒数十公里高速的流星袭击。大气中的臭氧层又可以大大削弱强烈的太阳光紫外线辐射。大气圈又像一层厚厚的"棉被"，覆盖在地球表面，慢慢地吸收地面长波辐射的热量，使地球保持较小的昼夜温差，为人类的生存提供了适宜的温度条件。

水是生物体的必要组成部分之一。一般植物体中含水 40%～60%；人体重量的 80% 是水分。水是进行各种生物化学反应的必要介质，没有水，一切生命都会停止。水也是农业的命脉、工业的粮食，也是城市发展的源泉。地球表面71%被海水占据，构成水圈的主体。陆地上的江、河、湖、沼和地下水也是水圈的重要组成部分。浩瀚无际的海洋，川流不息的江河，蕴藏了人类最宝贵的财富——水。

土圈与岩石圈因处于地球的不同地位，如高山或洋底，其厚度差别很大。而对人类影响较深的，仅限于地表及其以下数公里的范围。这里是人类生存的立足点，也是从事各种生产活动的基地和空间。不论远古的穴居，还是近现代的高楼大厦，都必须以坚固的土层或岩石为基础。这里蕴藏着极其丰富的矿物资源和能源，如煤、铁、石油、铜、铝、铅、锌……等，还有各种建筑材料，为人类社会发展提供了充分的能源和资源。

生物圈分布在水圈内、大气圈下层和地壳表层，它的范围从海面以下11公里深处（太平洋最深处）到地平面以上约10公里高处的环圈，是环境圈层中最活跃的一环。生物圈是个生机勃勃的有机世界，这里已经发现的微生物约有3.7万种，植物34万种，动物216万种。人类是生物不断进化的产物，与生物圈保持着最密切的关系。生物圈与环境相互作用形成不同等级的生态系统，为人类的生存与发展提供了一个相对稳定的环境。

在生物圈里，生物体内的物质同周围环境的物质进行循环和能量交换的过程称为生态系统的物质循环。

浪漫的文字语言称黄河是中华民族的母亲河，是中华民族的发祥地；生活中常称当地人为"土生土长"。其实，这里蕴示着一个普遍的现象，即生态系统的物质循环规律。人是环境中的构成分子，他就必然要参与同周围环境的物质循环和能量交换。"土生土长"正是人从环境中吸取营养的结果。由于人们世世代代长期饮用当地的水，食用当地土壤生长的粮食，这个过程就是水土环境物质（元素）转化为生物体的过程。经研究发现，分析人体血液中六十多种化学元素和它们的含量表明，其元素含量百分比和岩石中的含量百分比非常相近，分散规律几乎一致。所以人类才能够适应地球上各种营养物质、水、空气等，其根本原因在于人类自己身体的化学组成和地球的化学组成是相适应的。这是生态系统物质循环的结果。人类可从碳、氮、氧、氢、硫、磷等的循环中摄取所需要的营养和必不可少的微量元素。

我们所讨论的自然环境，着重于与生物圈直接相关的自然环境，换句话说，是直接与建筑活动相关的自然环境。

在前一节将环境构成按环境的属性分解为物理环境、化学环境、生物环境和社会环境。

物理环境其构成因子，分别包括温度、湿度、气流、气压、声、光、放射线等。这些因子处于自然状态时，会给人以直接刺激，人们会相应的获得感觉，并做出行为反应。由于一年四季的季节变化，自然因子也会不同，人们得到的感受也会不同。但是人们的期望值是稳定的，不希望有过大的悬殊。因此人们会想方设法创造一种新环境，即人工环境来抵御自然环境的不利影响。这就是人类不断创新，不断营造人工环境的原动力。仅靠局部性生理器官能力的调整，其适应范围是有限的；因而人们总会超越这一范围，寻求采取更有效的创造性措施，这样的强力活动，是更积极的面对环境的行为反应措施。

化学环境构成因子，包括空气和各种气体、水、粉尘、化学物质等。其中还包括土壤和食物等构成因素。这是维持人类生命活动，环境所提供的物质因素。自然状态的空气、水、食物，在早期人们可以直接饮用充饥。而现代社会由于人类活动对自然的干预、破坏，甚至污染，则需要经净化、过滤、加工，才能供人们所用。这样的净化、加工过程，也是面对现代环境而采取的行为反应措施。

生物环境是由动物、植物、微生物构成的，作为生物的人类自然也包含在内。人与动物、植物、微生物之间的关系极其复杂又相互依存。维持人类生命的食物，直接或间接的来自于动物、植物；人要消化动物、植物，摄取其营养成分、排出废弃物，在这种能量转化、物质循环的过程中，微生物发挥着无可替代的作用。

由于复杂的社会原因，使原始自然生态不断遭到破坏，为了维持人类自身健康的生存，人们不得不采取积极的措施，保护环境、保护生态，保护维持人类生命的动物、植物种群。

第四节 社 会 环 境

人们的生活不仅仅同所处的物质环境、自然环境发生关系，社会环境、人际关系对人们的成长，对人们素质的培养，对人们的行为，具有更重要的意义，具有超越自然环境的意义。社会环境是以人际关系为中心的人文环境，它的涵盖内容十分广泛。从近身来看，最近的社会环境就是家庭、父母与子女的关系、近邻关系；进而幼儿园、学校，由多数人所构成的社会群体环境；随着年龄的成长而进入部队或工作场所，融入社会，成为承担社会责任的一员。这是从小到大，从个体融入群体，从家庭迈入社会的不断变化过程。人们面临的环境在不断变化，要求人们不断的调整自我去适应不断更新的新环境。在这个不断变化的过程中还受到不断变化的社会文化意识的影响与制约。

社会文化是个广义的文化概念，它具有时代特征，是受社会政治、经济影响和制约的意识观念，同时它也会接受传统历史文化的影响，成为影响社会生活的文化思潮。这种社会性的文化思潮，不论对个人的成长或社会的发展，其影响都极其重要。

社会环境对人的刺激与影响，会迫使人们做出随机性的应变，这种应变能力和效果都取决于个体大脑的敏捷和适应能力。

以独生子女为例来分析一下儿童对社会环境的应变适应能力。我国由于特殊的国情，人口基数过高，不得不实行独生子女政策。由于是独生子女，没有兄弟姊妹，在家庭里除父母双亲之外，相关的就是祖父母、外祖父母，而这些人都在"望子成龙"，"望孙成龙"，使独生子女自幼生活于倍受宠爱的环境中。在这个家庭环境中，独生子女往往成为"小皇帝"，无所不要，无所不有。这样的孩子，在幼儿园，在学校，常表现出任性、好胜，不合群；事事都想占上风、占便宜，惟恐自己吃亏；常比阔，人家有的，自己也要有，不顾家庭条件；不能吃苦、不爱劳动；经受不起挫折，更受不了委屈。这样的家庭环境基础，使孩子在融入社会时，会遇到一系列的精神障碍，往往会有碰壁、格格不入的感觉。这就给家庭教育、学校教育提出个新课题，如何使独生子女很好地融入社会群体？如何恰当地认识自我，正确地处理个体与群体的关系？这种社会性环境教育比起物质环境对个体成长的影响更为重要。

不仅对儿童如此，对于任何个体都存在社会环境适应问题。一般来说，一切顺利时，不会感受到严重的困难或不适应；当身处逆境时，则会暴露出许多问题，出现精神障碍。譬如一个大学毕业生，离开了熟悉自己的同窗伙伴，来到陌生的新单位，长时间不能同新伙伴融为一群，当新接触的工作与自己的理想存在距离时，就更加痛苦。有的人经过自己的精神调整，很快适应了新环境；而有的人则持续的浸沉在苦闷之中，不仅影响工作，也影响精神和身体健康，不能全身心的投入工作，因而影响了个体作用的发挥。

对于个体来说，时时都存在个体如何融入社会群体，如何在不同的社会群体环境中寻求自己的地位，发挥自己的作用的问题。

社会环境的形成，决定于社会功能的需要，同时又总是在特定的自然环境的制约之下。一个学校的建立，首先是有儿童需要学习，社会要发展，国家要富强，要求创办学校。而这个学校一定是建在特定的地点，受气候、环境、传统文化综合影响下的学校，其中已经涵有自然环境因素。于是，可以认为社会环境是自然环境与人文活动相结合的产物，只有人类参与其活动才能构成社会环境。人们不论进行什么内容的社会活动，都要依赖一定的物质环境条件，都要在特定的自然环境控制下进行运作。所以社会环境并不仅限于人际关系和精神活动，只是在研究分析问题时，常常突出这一点而已。关于社会环境我们将在第七章专门论述。

第五节　人　工　环　境

自然环境所提供给人们的环境构成因子，极其丰富而又复杂，对于现代人的生活，仅靠自然因子无法满足丰富多彩的生活需求。这就需要人类自身创造一种在自然环境基础上能够抵消自然环境的不利因素，能够补充自然环境的不足因素的人工环境。人工环境的创造是人类同自然界长期斗争的自然结果；同时又是人类社会行为功能的积极体现。

人类要生存，就要创造条件，克服自然界不利于人类生存的严酷消极因素，于是创造出能够遮风避雨，取火熟食，抵御灾害的居住房屋，为社会细胞——家庭活动提供了可能。随着社会的发展，家庭内容随之变化，居住建筑也复杂化，由简单粗陋，向复杂文明社会发展，从而一系列公共社会活动所需要的公共建筑应运而生。

人工环境是为克服自然环境的严酷条件，按人类社会功能需求而创造的，适宜人类生存的环境，是人类创造智慧的产物。人工环境是不断发展，不断完善，不断提高的动态环境。在这个不断变化的过程中，充分体现了 $S \to O \to R$ 的普遍规律。低一级的原态（现状）刺激，作用于人体人群，人们不安于、不满足于原态，从而在原态基础上，提出更高的改善要求，创造出高一级的新环境，这就是在接受原态刺激后，人们做出的行为反应结果。

　　人类生存的任何地区，历史上出现过的任何建筑形式，都是 $S \to O \to R$ 普遍规律的产物。每一历史时期的新建筑，都是在前一历史时期的基础上孕育产生的，而又都高于前一历史时期，都更适合于当代人的生活功能需求，其中蕴涵着不断改进、不断创新的内容，从而推动社会不断进步与发展。所以人工环境的不断创新，标志着人类社会的不断进步。人工环境是自然环境与社会需求相结合的产物。在人们创造人工环境的过程中，除了运用自然环境所提供的物资资源，遵循自然界的客观规律，同时已经渗透着人们的意识文化内涵，因而体现出不同地域，不同历史时期，人们所创造的人工环境会有所不同。

　　现代人直接生活的可居住环境都属人工环境，住宅、学校、办公楼、商店、工厂、影剧院、图书馆、博览馆、体育馆、餐厅、宾馆、火车站、航站楼等等，都是人们运用自然资源，经过创造性的劳动，加工建造出来的社会活动场所。所以人工环境与社会活动场所是密不可分的一体。

　　不论住宅、学校、办公楼、宾馆，或任何一栋公共建筑，他们在满足人们使用功能的同时，还要满足人们的心理、精神需求，即文化内涵要求。随着建筑类别不同，他们的要求深度有所不同，甚至一栋建筑内部的各个部分要求也是不同的。在住宅内部供日间活动的起居厅，成为家庭活动的核心，这里成为家庭室内设计装修的重点，常常要求体现主人的所爱和追求，具有一定的文化意境。再如一栋星级旅游宾馆，要接待来自八方游客，要创造具有特色的迎宾环境，常将接待大厅或共享交谊大厅作为设计的重点，成为宾馆标志性空间，更要体现深刻的文化意境；不仅内观，其宾馆外形也是人类文化的载体，通过其形象给人以美的享受和文化信息的诠释。

　　有些人工环境不属于建筑环境，如道路交通环境，有的直接与人体相接触如步行道路，有的借助于交通工具服务于人体如铁路、公路、空运、海运等等。这一类人工环境，其表现形式与建筑环境不同，但其本质相似，也要运用自然资源，遵循自然规律，结合人类智慧，创造现代化的高速交通运输环境，这是现代社会功能需要的产物，如高速铁路、高速公路、超音速航线等等。这一类人工环境系统，不仅有其自身特殊的构成因子，而且还有其特殊的管理调度指挥系统，这也是现代社会功能需求所必须的。

　　公园绿地是又一种人工环境，是专门提供人们休憩、观赏的旅游环境，或仿借自然，或微缩自然，人工创造出某种意境的流动环境景观。人是自然界的一个成员，来自自然界，生于自然界，与自然界有着无可分割的联系，不论生活与情感都离不开自然界。人具有热爱自然的本能，因此在人们聚居的城市创建仿借自然的公园绿地是必要的。对于改善城市环境，陶冶人们的情操，具有无可估量的影响。

　　利用自然山石林木，江河湖海，辟径通幽，是利用大自然的人工环境。在这里主要是利用大自然的原态，提供便于人们到达观赏点的曲径，使人融于自然，沁没于自然，尽情地呼吸大自然的新鲜空气，欣赏大自然的天赐美景。以自然成分为主，较少人工加工的自然风光更受人们的欢迎，各地的名山胜水，构成旅游热点，充分反映出人们回归自然的心理倾向，参阅彩图 1.1；1.4；1.5；1.6。

第三章 人体感受器官

人体接受外界刺激，需要具备良好的感觉器官，这是能否正确接受外界刺激的前提，只有具备这种前提，才能做出相应的行为反应。为此，有必要对人体的感觉器官的机能做一定的介绍。

人们的主要感觉器官有眼、耳、鼻、舌、身，因而相应的也有五类感觉，即视觉、听觉、嗅觉、味觉和躯体觉。躯体觉是个综合概念，其中包括由皮肤感觉器官接受外界刺激而产生的温度觉、触觉、压觉和痛觉；还有由肌肉和关节以及内耳里的感觉器官经刺激后产生的运动觉和平衡觉。此外，还有位于内脏中的感觉器官反映内脏情况的内脏感觉，其主要表现为痛觉。

感觉器官就其所处位置，可分为外部感觉器、内部感觉器和本体感觉器。

外部感觉器的各种感觉器官分布于身体的表面，它所产生的感觉有：视觉、听觉、肤觉（压觉、温度觉等）、味觉和嗅觉。

内部感觉器是在身体内脏器官中分布的神经末梢，对身体各内脏情况的变化作出反映，其所产生的感觉有躯体觉和痛觉。

本体感觉器则处于机体内部的肌肉、肌腱和关节之中，由末梢感觉器所组成，它能对整个身体或各部分的运动和平衡情况作出反映，产生运动觉和平衡觉。

痛觉的感受器遍布全身。痛觉能及时地反映关于身体各部位受到损害或产生病变的情况。痛觉可及时向神经中枢传递遭受损伤的警告信号。假如一个人麻木不仁，丧失痛觉，则会失去自卫能力。

平衡觉是由于人体位置的变化或运动速度的变化而引起的动态感觉。人体在进行直线运动或旋转运动时，其速度的加快或减慢，都会引起前庭器官中的感受器的兴奋而产生平衡觉。

运动觉可以为人们提供有关身体运动的反应信息，产生运动觉的物质刺激是作用于身体肌肉、肌腱和关节中感受器的机械力。

肤觉是皮肤受到刺激而产生的多种感觉。皮肤觉按其反应性质又可分为：触觉、压觉、振动觉、温冷觉和痛痒觉。在日常生活中，对气温变化和室温的感受，人们会很快的做出判断，这种能力就来自于皮肤觉中的温冷觉。

味觉的感受器是味蕾，分布于口腔粘膜内，主要分布于舌的表面，特别是舌尖和舌的两侧。人们在进行餐饮的过程中，对美味的品尝，主要靠口腔粘膜和舌体的感受器。但是不同的刺激，其感觉器的敏感位置是不同的。如辣椒的辣味主要作用于喉咙；大蒜的辣味则作用于舌尖和口腔齿龈；大葱的辣味除刺激舌根之外更会刺激眼睛；芥茉的辣味在口腔内并不显著，而直通到鼻腔，具有良好的通窍作用。同属辣味，而对其感受的感觉器的位置却不同。

嗅觉的外围感受器就是位于鼻腔最上端的嗅上皮里的嗅细胞。人们日常呼吸主要通过鼻腔来完成，鼻腔不仅可以嗅出餐饮中的美味，而且是日常呼吸判断空气污染的前哨，是鉴别优劣维护健康的自卫工具。

第一节 视 觉

人类接受外界信息，大约80%是经过视觉而获取的。因此有必要首先对做为视觉工具的眼球做些分析。

对光、色、形的知觉，是人类视觉器官最基本的功能。人的视觉系统，是个从眼球到大脑的极其复杂的构成体系。外界的光由瞳孔进入眼球内部，通过水晶体和眼球内部的液体，在视网膜上结成映像。然后，这种映像利用从视网膜发出的视神经纤维传递给大脑，于是形成了最初的知觉。在这里视网膜映像、视神经纤维和大脑，组成了完全的视觉系统，三者缺一不可。

一、视觉系统的构造

1. 眼球

人的眼球直径约有 24mm，近似球形，故称眼球。图 3.1 表示右眼球水平断面。左眼球处于人脸以鼻梁为中心的左侧，与右眼球形成左右对称。

眼球的前围有眼睑，当不需要光时可以闭合。它很像照相机的镜头盖子。其次，在联结水晶体的位置，有承担光圈任务的虹膜，亦叫虹彩，由于它的调节，可以使瞳孔的直径发生变化。为了保护视网膜，瞳孔直径除了在亮光作用下变小之外，在观看近距景物时也能使水晶体收缩变小。

相当于双凸透镜的水晶体，其焦点距离，是由在远处包围它的毛状肌来调节控制的。当眼睛观看近物时，毛状肌紧张会使孔圈变小，水晶体由于自身具有的弹力作用变为凸起。观看远景时，与之相反，毛状肌松弛孔圈变大，水晶体向外伸张，变得扁平。而眼球的内部，并不是中空的，角膜与水晶体之间有液体，整个中间部位都充满了流动的液体，并同水晶体一块参与光的屈折。

眼球的最里面则为视网膜，它相当于照相机靠后背的感光底片的作用。眼球相当于焦距约 17mm 的广角镜头，当然，视网膜是分布在以视轴为中心的较广的范围内。

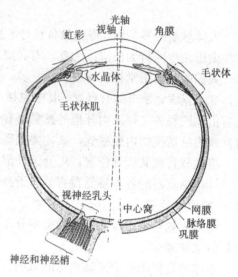

图 3.1 右眼球的水平断面图

2. 视网膜

光一照射到视网膜上，光的能量则被视网膜的感光细胞层所吸收，由此接受到某些光化学刺激而产生的反应，经过视神经传递到大脑。图 3.2 为视网膜组织与反应途径。图的右端相当于视线的中心。接近中心部位存在密集的称为锥状体的感光细胞。锥状体的尖端呈现圆锥状，故称锥状体，其形状细长便于密集。偏离中心 5°，其形状变成短粗胖，数量也急剧减少。总数据研究有 600～700 万个。锥状体感受器具有在通常亮度范围内准确地辨认物体形态和色彩的功能。

与此相对的，偏离视线周围部分，广泛分布的感光细胞称为杆状体（因为细胞尖端呈现圆柱状，似长杆，故称杆状体）。杆状体总数达到 1.25 亿万个。杆状体没有色觉功能，但非常敏感，可在非常暗的光照环境下发挥视觉作用。

感光细胞同大约 100 万条视神经纤维相连接，视神经纤维紧贴眼球的最里面，汇集于视神经乳头后成束引出眼球之外，通向大脑。处于视网膜中心的视神经纤维及其锥状体只是密集地分布在这里，但并不从这里通过，从图 3.1 可以清楚地看到该处有个小凹窝，称为中心窝。在视神经乳头处，构造上不存在感光细胞，所以在那里也不存在视觉，成为盲点。盲点位置处于两眼各自视野的外侧 15°左右处（图 3.3）。

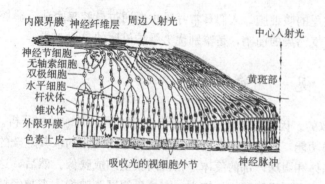

图 3.2 视网膜组织与反应途径

图 3.3 闭上左眼，从约 30cm 距离处观看黑方块，这时白方块会消失，仅残留一个大黑圆球

100万条视神经纤维与1亿多个感光细胞相比较远不算多。但是，处于视网膜中心的锥状体，每一个锥状体就同一条视神经纤维相结合，因此保证了中心部位锥状体的高度解像力。然而，就视神经纤维的剩余数量来说，就不能不由很多个杆状体集中起来共有一条视神经纤维。虽然杆状体解像能力不是很强，但是，由于是很多个集中起来，便能将较弱的兴奋汇集增强，所以也能够保证较高的敏感度，特别是在暗光条件下能够发挥形态视觉作用。

3. 视觉建立

视网膜的构造同其他的感觉器官完全不同，莫如把它看成同中枢神经一样，可将视网膜看成是大脑的延长物。眼球恰好像蜗牛的触角，可以认为是大脑的伸出部分。

从眼球到大脑的视觉传递途径如图3.4所示。左右眼球视网膜所接受的映像，经向外伸出的视神经纤维，在头盖骨内互相交叉之后，最终达到分布于大脑后部的视觉区，在这里同脑细胞群联结。所以外界的映像，并不停留于眼球视网膜，而是在大脑里开始建立。可以说是在眼球这一"电视摄像机"里摄下图像，通过视神经纤维传递信息，在大脑内的"电视接收机"将映像再现出来。

但是，人的视觉系统同单纯的信息再现机械有明显的不同。图3.5是以"吾妻与义母"为题，刊载于英国一种幽默刊物《Punch》杂志上的漫画。乍一看是个暧昧不明确的图像，仔细端详，又像年轻少妇的姿容，又像老太婆的面孔。而机械只能呈现一种映像，而在人脑确能做出两种分辨。这是因为在视觉系统中，包含有经验在内的信息处理。

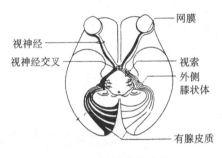

图3.4 视觉传递路线

图3.5 吾妻与义母

二、眼 的 机 能

1. 视力

一般视力是指眼睛对物体形态、色彩的分辨能力。图3.6(a)是由两条黑棒形成的视标，称作二线视标。若从远处看，看到的是一黑块，但是渐渐靠近，达到某个距离时就会看到二者是分离的。(b)的二点视标也是一样。(c)的条纹视标和(d)的方格花纹视标，也都是由于逐渐看清分离状态而确认其图形的。所以，这些图形可以用来测定眼睛对物体形态的分辨能力，即视力测定。

现在广泛应用的视力测定方法，是利用国际眼科学会制定的，如图3.7那样带切口的圆环，即朗多尔氏环（Landot ring）。该环在白色背景上画出外径7.5mm，粗度为1.5mm，切口宽度为1.5mm的朗多尔氏环，在距离5m处观察其切口，获得的视角为1′（不十分准确）。这时恰好能分辨出开口，视力就取该视角的倒数，以1.0来表示。

同样，都是以5m的距离为标准进行观察，当视角缩小为半分（1/2′）时，便能分辨出开口，其视力则为2.0；若只能分辨出1′视角的5倍（5′）开口时，其视力则为0.2。从视力定义来说，只决定于视角，可是，事实上尽管视角相同，而改变观察距离时，眼睛的调节状态也会改变，所以，视力测定时应处于5m不动，保持不变的统一标准。视力检查表也有采用文字和数字视标的，但惟有使用朗多尔氏环最准确。

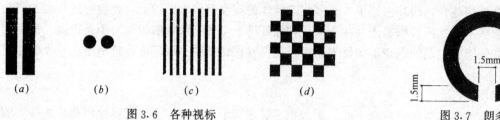

图 3.6　各种视标

(a) 二线视标；(b) 二点视标；(c) 条纹视标；(d) 方块纹视标

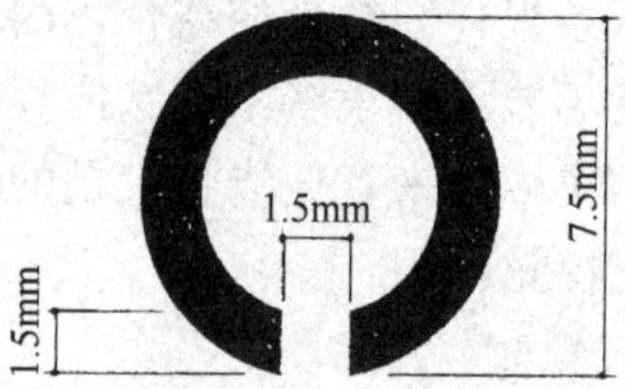

图 3.7　朗多尔氏环

视力与亮度的关系很大。图 3.8 是在不同亮度等级条件下测定的视力结果。图中是将多个实验结果合成后联结成为 S 形曲线。横坐标表示白色背景的亮度，竖向坐标表示朗多尔氏环视力。从图面看很明显，背景越亮，视力分辨清晰度越好，并可确认其上限和下限。亮度影响视力是因为在感光细胞中，有各种敏感度的细胞混杂在一起，有许多细胞只有当亮度达到一定程度时，才能发挥作用。视力的上限，决定于眼球水晶体的光学限度和感光细胞多少的限度。

一般所说的视力，是指在通常的亮度范围内观看存在于注视点处物体的视力。就是说，能够充分发挥视网膜中心的锥状体作用时的视力。所以视力检查测定时，也必须具备通常的亮度，其结果才比较可靠准确。

如图 3.9 所示，当稍微偏离中心窝，视力就急剧下降。眼球不动可看到的最清晰鲜明的映像范围为 2°左右，这个范围的视觉称为中心视觉。与此相对应的，它的外围模糊可见的周围视觉，称为周边视觉。

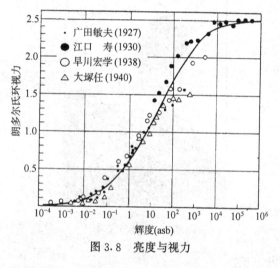

图 3.8　亮度与视力

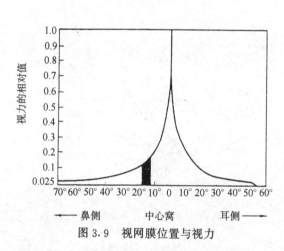

图 3.9　视网膜位置与视力

另一方面，对暗处视力而言，偏离中心 5°左右为最高。这是因为该处恰好处于杆状体视力范围，杆状体感受器虽然不能精确地分辨物体，但是可以完成对暗处有没有物体的大略的探察任务。这对于人的夜间活动可以及时的提出危险警告，这种暗处视力，对人的生存意义是很重要的。在这种情况下，周边视觉的视力比中心视觉的视力更加重要。

2. 色觉

正常健康人的眼睛，其锥体细胞在通常亮度下具有良好的色彩分辨功能，能够区分红、橙、黄、绿、蓝、靛、紫七色。但是有的人锥体细胞构成不完善，缺少某些成分，因而出现了色觉缺陷，如色弱或色盲。色弱是程度较轻的色盲，表现为辨色能力敏感程度降低。

色盲，属于失去正常人辨别色彩能力的先天性色觉障碍。色盲有红色盲、绿色盲、红绿色盲、黄蓝色盲和全色盲之分，其中以红绿色盲为最常见。色盲属于医疗上无能为力的先天性色觉障碍，除了辨色能力缺陷之外，并无其他感觉。色盲者不可从事需要辨别颜色能力的工作，不能胜任建筑师、室内设计师、装修师的工作，也难以成为画家，更不可担任交通运输驾驶工作。色盲在一定程度上限定了人们的工作范围，失去了"自由"。

3. 适应

人的感觉器官在外界条件刺激下，会使其感受性发生一定的变化。这一方面是为了保护感觉器官免受来自过强刺激的损害，并具有对极弱刺激的敏感反应能力；另一方面，面对几个大小不同强度的刺激，能够对之进行正确的比较。这种感觉器官感受性变化的过程及其变化达到的状态称为适应。当人的眼睛由亮处向暗处转移过程的适应，称为暗适应，由暗处向亮处转移过程的适应称为亮适应或称明适应。

图 3.10 是当外界亮度变化时，瞳孔变化示意图。眼睛瞳孔直径，当处于黑暗环境时约为 8mm 左右，当接受到 1000asd 的强光时，直径开始缩小，几秒钟后达到最小值 3mm。然后，再度回到黑暗环境，瞳孔又开始扩大，但是扩大的过程需要数倍于缩小的时间。因为瞳孔面积最大只有 8:1 的变化幅度，所以对外界亮度变化的适应，进行的是不充分的。瞳孔直径由 8mm 缩小到 3mm 时需 5 秒，而再度由亮处进入暗处，瞳孔直径由 3mm 扩大，经过 10 秒才仅达到 7mm 左右，而且越趋缓慢。

图 3.11 是在亮度急剧变化的情况下，眼睛能够看清物体的最小辉度（亮度）的测定结果，也就是表示适应的程度。此图与图 3.10 的瞳孔变化无关，它能够说明下述情况，即从亮处突然进入暗处时，首先是锥状体开始适应，约经过 10 分钟完成；然后是杆状体开始适应，这个期间还需要约 25 分钟。在整个适应过程中承担主要任务的就是感光细胞。以后，再度出现在亮处时，感光敏感度的变化非常迅速，在一分钟之内便可完成。像这样的暗适应和亮适应，在我们进出正在放映的电影院观众厅时，都会有这种经历，刚刚进入时，眼睛什么也看不清，需要响导引路找座席；当从观众厅出来突然出现在阳光下时，又会睁不开眼睛，但很快就会适应，这种体验证实了适应的变化。

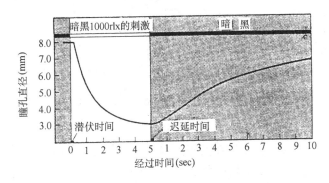

图 3.10 亮度与瞳孔径

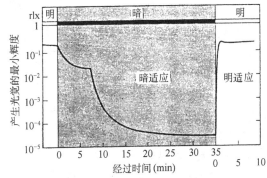

图 3.11 暗适应和亮适应

然而，遇暗适应时，若开始所处的亮处辉度很低时，就不会出现图 3.11 中的两节曲线，这是因为在这种情况下，只存在杆状体的适应。另外，当不是对全视野，而仅仅对视网膜中心进行光照实验时，同样也变成了一条曲线，这时只存在锥状体适应。

自然界里亮度变化的范围，上限从最高度的直射阳光照耀下的积雪面开始，下限到星夜下阴影部分为止，照度可达到 $10^{10}:1$ 的级差。作为对这样大的范围不能瞬时知觉的补偿，人的眼睛可以自动地调整光敏度，以便适应其平均状态。适应以后，对在直射阳光下 100:1 左右；阴天下更精细些 1000:1 左右的级差照度范围，都能知觉。这就相当于眼睛的感光范围，在这个范围内的各个明暗等级，眼睛都能比较精确的识别，但是比这更亮的物体则看到的全是同等耀眼的灰白色；比这更暗的物体，则看起来全是同样的黑暗。

图 3.12 表示上述关系，可用来进一步说明下面的问题。如图中所示，一个具有一定辉度的物体，在以适应日光的眼睛来看，像是黑影；而以适应月光的眼睛来看，像是明亮的强光。这种对同一辉度的物体，当眼睛适应亮度高时，看起来就会感到暗一些；当眼睛适应亮度低时，就会感明亮一些的现象，说明了人的感觉亮度（为了区别于物理的辉度称作亮度）是逐渐适应逐渐完成的最终结果。

另外，人的感觉亮度在没有相对辉度的情况下，呈现出恒常状态。例如，受直射阳光照耀下的煤炭仍然是黑色；黄昏时的白雪仍然是白色。在这里，前者的辉度也有后者的 100 倍，尽管如此，黑的东西还是黑的，白的东西仍然是白的。人的感觉亮度总是有适应于反射率的倾向。

4. 视敏度

眼睛能够感觉的光波长约为380～780mm，不论在此限以下的紫外线，或在此限以上的红外线，都不能被感觉。在可见光的范围内，眼睛对各种波长的光，也不具有相同的感受性。

在明亮处，眼睛对波长为555mm的黄绿色光具有最高的感受性。这可以从图3.13中锥状体的阈值（感觉的最小能量）在555mm处为最小就可以明白。该图的另一条曲线，杆状体的阈值比锥状体的阈值要低下很多，而且最小值也稍微向左移动，该曲线在650mm处中断结束。这说明杆状体的敏感度比锥状体高出很多，杆状体在波长为510mm的绿色光时，其敏感度达到最高，而在650mm以上的红光时则完全没有感觉。

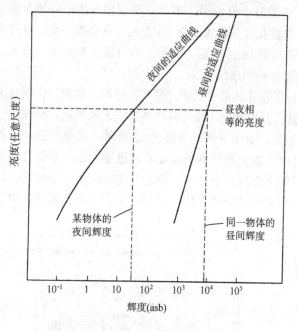 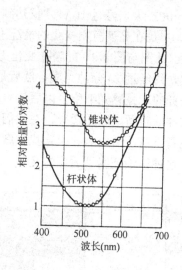

图3.12　辉度与亮度的关系　　　　　　　　　图3.13　锥状体与杆状体的阈值

接近黄昏时，当人们观赏庭院里绿叶中浮现出来的鲜艳红色花朵时，最初色彩鲜明，这是锥状体在发挥作用。眼看着天色渐渐暗下来，突然叶子的绿色看起来更显眼了，而红花变深发黑了，这是杆状体开始发挥作用，使红色敏感度下降，绿色敏感度上升的结果。这种现象称为蒲肯野氏（Johannes Evangelista von Purkinje）现象。进入夜里，只有杆状体在发挥作用没有色觉，尽管是绿色也已经看不出是绿色，但因相对比较明亮，看起来就比较明显。

暗室工作者和夜间警卫人员，在突然进入明亮场所之前，先戴上红色滤色镜就会好一些，会消除由暗到明的适应过程。如果这种眼镜，只能通过650mm以上的光，戴眼镜者的眼球杆状体就像处于黑暗一样，不需要再经调整。就是说，杆状体在继续处于暗适应中，再返回到暗处时，一摘掉眼镜就可以立即继续工作。

夜间公路行车，往往靠汽车自身的灯具照明，相向行车时，两车司机主动将行车照明灯光暂闭，让对方看清自身车体，同时也是避免强光对司机眼睛明暗适应的反复刺激。

笔者曾有过一次真实的经历，一天来到某大城市的星级宾馆，宾馆大堂紧邻入口，大堂侧壁饰有色彩丰富的壁画，然而灯光却昏暗，达不到通常的亮度，地面又铺以墨绿色地毯。从室外突入大堂，人的眼睛一时难以适应，出现眼前漆黑一片，画家的心血完全湮没在朦胧之中。而当人们步出大堂，出现在阳光之下，又使人耀眼，睁不开眼睛。这是一项非常遗憾的工程实例，其原因，就在于室内外亮度差的设计，没有同人眼的明暗适应相谐调，缺乏应有的明暗过渡空间，造成使用中的缺憾。

5. 视野

视线固定时，眼睛所看到的范围称为视野。图3.14表示右眼视野，在中心部位，红、黄、绿、蓝等各色都能看得清，而稍微偏离中心，首先消失的是红和绿，进而再偏离一些，色彩就完全分辨不清了，这种现象明确地说明视网膜上类似"彩色胶片"的锥状体和类似"黑白胶片"的杆状体感光细胞的分布关系，同时也说明了红、黄、绿、蓝等各种色彩感受体的分布关系。

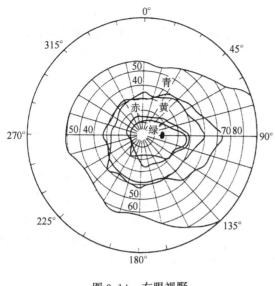

图 3.14 右眼视野

视野的外缘大约是右 100°、左 60°、上 55°、下 65°。图 3.14 是白种人的右眼视野，受高鼻梁和眼睛凹陷的影响很大。东方人的情况，则成为长轴近似水平向的椭圆形。两眼合成视野，可将该图的右眼视野和将该图翻转而成的左眼视野重叠即成为合成视野。

在一般的视野当中，同样的物体，上下左右看起来大小往往是不一样的，具有不等质性。一般来说，上部和右部会产生"过大"视觉倾向。图 3.15 呈现的是铅字 8 和 S，并使其上下颠倒的图形。字体 8 和 S 使其上部小一些，看起来会稳定些；相反，若上部与下部大小相等，再加上上部"过大"视觉的影响，就更加突出了不稳定感。读者可将图 3.15 正倒位比较观看，便可了解其不等质性。但是，在上部"过大"视觉和右部"过大"视觉当中，也存在许多例外情况。

显然，在广阔的视野中，能够充分发挥视力效果的中心视觉可见范围是非常小的。所以，人们总是无意识地不间断地使眼球运动，对视野内进行搜巡式地观察。

图 3.16 是使头部固定时，三种视野的测定结果。首先，实线表示的是和图 3.14 相同的静视野（两眼合成视野）；二点一划线是让眼球自由运动时的动视野，它比静视野大一圈；一点一划线，也允许眼球运动，但是注视的可能范围在各个方向都停留在 40°左右的界限里。在日常生活中，所谓头部固定，这种情况应该说是不存在的，最低限度的头部运动几乎是经常的，所以不论动视野、静视野或者是注视野的可能范围，都比图示范围要更宽阔得多。

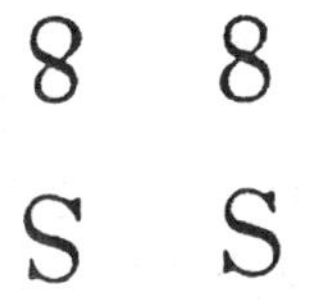

8 8
S S

图 3.15 上下的不等质性

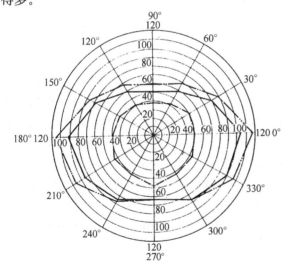

图 3.16 头部固定时的静视野、动视野和注视野

6. 闪烁

人的眼睛，要不断将外界变化的映像，映现在视网膜上，所以眼前的映像要尽快的消失，使下面的映像作业能够反复地持续进行，就这一点来说，视网膜很像电视机的萤光屏，而不像照像机的底片。

照像机能够长时间保持一个映像。因为光量×曝光时间若一定的话，其效果就一样。所以对非常暗的对象物，如在黑夜里打开快门，瞄准目标放在那里 1 小时，也可能拍摄出形成同心圆的星的轨迹照片。而眼睛就不可能做到这一点，眼睛的进光量，能够补偿的曝光时间，只是在不到 1/10 秒的极短的时间范围内。

眼睛会感觉出在这个时间界限以上的光的周期性变动，这种现象称做闪烁。1 秒钟闪熄 600 次的闪光是完全不觉得的；若 1 秒钟闪熄 20 次，就会感觉出闪光；若 1 秒钟闪熄 10 次则会感到闪光非常烦人。产生这样的感觉，决定于视网膜的映像映现与消失的反复速度和光的闪熄速度之间的关系。如果光的闪熄速度快，眼睛就感觉不出闪光；如果映像映现与消失的反复速度快，就会或多或少的感觉到闪光。恰好能开始感觉到闪光时的光的闪熄频率称为临界融合频率（Critical Fusion Frequency），缩写为 CFF。

临界融合频率（CFF）以下的闪光，不论是直接观看光源，还是观看光照物，都能直接感觉到闪光，这就是直接闪烁效果。对一般感觉不到的快速闪光，可以从观看被震动的物体间接地感觉到。对 100 或 120Hz 频率的萤光灯，直接观看是看不出闪光的，但是利用"频闪观测器"使其旋转到停下来观看，再逆旋转来观看，就可以确认闪光，其称作频闪观测器效果。

临界融合频率（CFF）因亮度与视网膜部位不同而变化，一般情况下 CFF 是越明亮其闪烁程度也越明显易见，而偏离视网膜中心，越靠近周边感觉会越大一些。在吃饭时开电视机，人的眼睛侧目观看画面时，会感到闪光；当正面注视画面时，闪烁会消失，就属于这种例证。

7. 眩光

视野中遇到过强的光，整个视野会感到刺眼，迫使眼睛不能充分发挥应有的机能，这就是眩光。用照像机在逆光下拍照或者对高亮度对象物摄影、由于形成眩光，拍摄是非常困难的。对眩光的克服主要靠眼睛对它适应的程度，所以视觉就不能不受到它的影响。

眩光提高了视野的适应亮度，使眼睛的敏感度下降，或者使眼球内的流动液体散射，恰好像光的帷幕遮住了眼前一样妨碍视觉。不论哪一种情况，其结果都是降低对于视野中暗的部分的视力，这样的眩光称作视力降低眩光。夜间汽车行进中，迎面汽车的车前灯光、射向驾驶员的眼睛，就会呈现出视力降低的眩光。

另外，即使看不出视力降低，在特别明亮的房间里，也会感觉到不舒适。譬如，一个很大的高亮度光源，悬吊在接近视线的高度上，就会感觉到刺眼，这叫作不舒适眩光。不舒适眩光并非由散射光而引起，也不随着降低视力，所以它同视力降低眩光有本质区别。不舒适眩光表现在两个方面。一是当全视野都处于高辉度下，达到了极端地明亮程度，譬如像远眺直射阳光照耀下的雪后大地表面时，就会出现这种效果。另外在比较低辉度的环境里，有一个特别突出高辉度的物体，造成了极强烈的反差，譬如像透过发暗的房间窗户看到室外明亮的白雪时，也会产生这种效果。

前者，一般认为视网膜超过了满意地活动界限，可以说达到了饱和状态，瞳孔直径要收缩到最小，因而引起肌肉不均衡，导至瞳孔径动摇。后者，视野的大部分停留在视网膜的适应范围内，只是眩光暂时的超过了适应范围。这两种情况的原因可以说是一样的。当辉度对比没有达到强烈程度时，瞳孔径的动摇是看不出来的；当辉度对比明显时，也因肌肉不均衡，导至瞳孔径开始动摇。

对不舒适眩光的敏感程度，黄种人与白种人是不同的。根据对眩光不舒适界限的调查，通过内外实验比较发现，黄种人比白种人更加讨厌眩光，黄种人的不舒适界限，就光源的辉度来说约为白种人的 2 倍。这种现象说明了眩光界限与黄种人眼睛里含黑色色素较多有关系，这种色素能够吸收眼球内的散射光。

现代舞厅或电视演播厅，经常装设有球形旋转式多彩射灯，这种灯光的照射效果恰如闪烁与眩光的综合体，不断变幻色彩，不断射出强光，使整个空间处于动态光环境之中，人们伴随音乐翩翩起舞，浸沉在欢乐愉快的气氛中。这种动感强烈的灯光，当然不是为了照明需要，而是为了娱乐而采用的特殊措施。在这种环境里一切都是变态的、飘忽不定的，追求的是变幻，而非稳定的视觉。这种灯光对人眼睛的健康有害无益，干扰了正常视力发挥，甚至迫使某些表演者要戴上墨镜，以取得较好的适应效果。尤其是当地面或舞台设有台阶时，由于频繁的闪烁和变幻的眩光，使演员难以准确的判断投足位置，极易造成跌倒摔伤事故，同时也分散了表演者的注意力，降低表演效果。对于较长时间处于舞厅中的观众，特别是从事舞厅服务的工作人员，对于这种灯光是讨厌的，感到不舒适。对于正常视力会产生不利影响，从舞厅离开以后要经过一定的时间视力才能恢复正常的辨认能力。产生这种效果的原因，可以从有关章节中找到答案。现代生活内容中的某些方面并非都符合机体健康要求，对此应有清醒的认识。

三、形态知觉

在视觉环境构成中，只有垂直与水平两根轴最具特别的意义。垂直是重力的方向，人们借助于自身身体的平衡觉，会感觉出来；从看到无风时雨滴等的自由降落，会验证这一知觉的正确性。水平当然是同垂直正交，由湖面、海面以及它们同天空的交界线可以显示出来。地面上人类生活就是处在一个巨大的水平面上，在大体上直立的草木中间进行活动。所以在人的意识上对于水平往往表现为面，对于垂直则经常表现为线。

垂直与水平是人在形态知觉过程中对视界框构的基本构成因素。视觉由于两者的存在，才开始把握住牢固的方向因素。建筑是人工产品，它对于人的生活具有极大的支配作用；而借助于自然的垂直与水平的表现，又具有强调建筑的作用。事实上，建筑不论外观，也不论室内，是不能摆脱垂直线与水平线控制的。

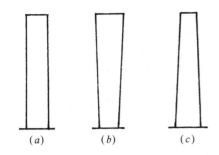

图 3.17 过大视觉
(a) 准确的几何图形；(b) 过大视觉变形；
(c) 收分纠正图形

垂直、水平的设计运用。我们面对的视野，其视界是带有不等质性的，不论垂直与水平看起来都不一定完全像几何学那样准确的垂直和水平。建筑物，特别是处于眼睛高度以上的较长水平线的两端，看起来感觉会降低；垂直向上延伸的长方形，其顶端部分，看到的效果感觉会大一些。而对于这种效果的增强或者对其抑制就是设计运用的一个课题。

中国和日本传统建筑大屋顶的檐口线，在两端部位稍微向上翘曲，除了排除雨水的技术性要求之外，其本来目的是让人们看到水平线从一端到另一端是一条不松弛的直线，端部向上还给整个建筑物以跳动的力量感，成为动势的表现技法（图 3.17；3.18）。

与此相反，雅典的帕提侬神庙，如图 3.19（这是夸张了纵横比例的表现图）其水平线反而向下弯曲。帕提侬神庙（Parthenan）建在古希腊卫城（Acropolis）的山丘上，从雅典城看上去稍微有一点仰角，人要向高处仰视观看。作为神居住的帕提侬神庙在人们心目中本来应该比人居住的地面更高一些，所以神庙建在远处的山丘上是相称的。而使水平线向下弯曲，正是为了强调使人看起来这条线比实际高度更高一些。由于这样巧妙地处理帕提侬神庙，就获得了好像处在更高位置上的视觉夸张效果。见图 3.19。

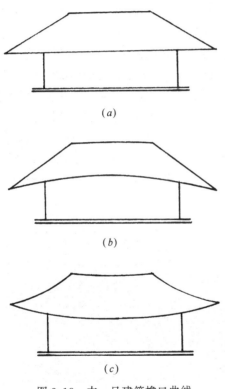

图 3.18 中、日建筑檐口曲线
(a) 准确的几何图形；(b) 视觉变形；(c) 纠正变形

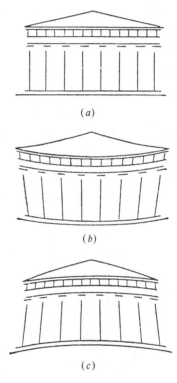

图 3.19 帕提侬的弯曲水平线
(a) 准确的几何图形；(b) 视觉变形；(c) 纠正变形

垂直与水平交叉产生直角。垂直线和水平线由于构成直角而相互补充，比起二者分别存在会更坚实的形成框构。因为人对直角的知觉比较敏锐，所以由于直角的存在反过来就可以确信垂直与水平的准确性。

观看图 3.20 时，既有锐角又有钝角，几个共同排列在一起，而直角只有一个，其中的直角会一目了然。书本稍微偏离直角，人也能够轻易的识别出来。然而，同样是直角，当倾斜放置时，其感觉就不一样。该图 (b) 仅仅是将 (a)，改变个角度倾斜放置，在这种情况下，中间的三个究竟哪一个是直角就难以判断，原来的直角似乎变成了锐角。在任何情况下，人们都不欢迎利用直角歪斜造成非直角的不稳定效果。

锐角和钝角（与直角有明显差别的）与直角相比，不能说就不美。不过至少与直角相比不够稳定。直角是比较简洁单纯的角度，唯有这一点作为稳定性为人们所知觉。

平面图上的正交性作为视觉的框构同样是很重要的。大多数建筑物和室内房间都造成正交立方形，其中

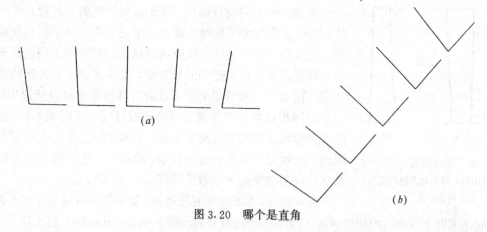

图 3.20 哪个是直角

也反映出心理学上的原因。在这样的建筑空间里，人们沿着平面的纵横方向可协调布置书橱、桌椅、床铺，感到最适称。当家具扭斜布置时，在房间里平面上遇到斜墙面时，或遇到倾斜的顶棚时，居住者会稍微感到不舒服，会需要一个适应过程，才能习以为常。

在平面上出现异形房间时，在心理知觉上也会产生暂时的不适应。如平面出现六角形时，想造成安定的视界也是相当困难的。在矩形平面的建筑走廊里，人们不论向左或向右转弯前进，都能比较容易地判断自己当时所处的位置。也会很容易到达所要去的房间，遇有紧急情况时，能够不迷失方向地疏散到室外去。与此相反，在非直角转弯的建筑走廊里，人处于什么地方，正朝向哪个方向，是不容易立刻弄明白的。图 3.21 是一栋称为"三角大厦"的高层建筑，在这样简单的平面里，沿着 60°转弯的走廊，转两圈又到达开始的位置时，就是说又回到了出发点，不会感觉到是"开始"。对 60°角的知觉远比对直角的知觉要困难得多，在心理上增加了不安感。图 3.22 是西柏林泰戈尔航空港建筑鸟瞰图。这种六角形平面形式同前例一样也是不容易知觉的。不过在这里采用这种形式，是有其根据的。大型航空港的登机大厅如果直线排列组合，那将不得不布置得很长很长。事实上，在其他航空港的登机厅，往往超过了步行距离允许长度，然而在泰戈尔国际航空港采用六角形平面，则巧妙地避免了这种情况。

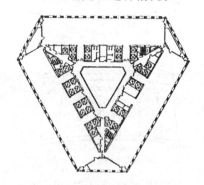

图 3.21 住友大厦平面图

图 3.22 西柏林泰戈尔国际航空港

现代建筑设计思潮，往往突破传统的设计观念，比较自由灵活，产生了一系列的异形平面，出现了多边形、椭圆形房间甚至三角形、平行四边形房间，建筑平面形式丰富了，但是使用中的感受会有很大的差异。当房间较大时在牺牲部分死角的情况下，对使用功能影响不大；然而在房间面积较小的情况下，则感觉不够理想，违背人们的传统习惯，不受欢迎。

四、形 态 建 立

当我们粗略观察包围我们的视觉环境时，首先存在的是由垂直、水平、直角等构成的框构；其次在其中呈现出各式各样的形态。人的眼睛不只持续地注视某一点，而是不停地注视一个形态又一个形态，一个接一个地在视野中进行搜寻活动。

1. 图形与背景

我们注视某一个形态，看起来它像是从其他形状浮现出来的形态，虽然其他形状同它的形式是一致的，但确成为背景而后退。浮现在上面的形态叫做图形；成为背景而后退的部分叫做背景。这种现象可以从早在1915年以卢宾（Rubin）的名字命名的、著名的卢宾反转图形（图3.23）来了解。

在该图中看到白色杯子或果盘时，也正是看到黑色双人侧面像的时候。看到杯子时，它呈现出的就是图形，黑色的背景如图3.24（a）所示，感到杯子的背后是连续的不被断开的。同时，当看到双人侧面像时，黑色就成为图形，白色成为背景，如图中的（b）所示，侧面像的背后变得很宽阔。这一图，实质上是以图中（c）所示的既有白的部分又有黑的部分联结构成的，可是在心理感受上却不是这样理解的。

图3.24是为了表示原来图形（图）与背景（地）易于反转的图示。在实际的视觉环境中，图形与背景是那么容易发生反转现象，以至于看到的图形过于不稳定。一般来说，人们希望看到的图形就是图形，背景就是背景，呈像比较稳定。

图 3.23　图与地的反转

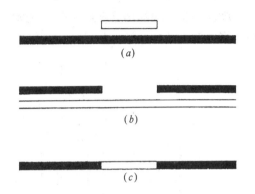

图 3.24　图形与背景的重叠

根据知觉经验，易于形成图形的条件，可以列举以下八条：
（1）面积小的部分比大的部分易于形成图形；
（2）同周围环境的亮度差大的部分比小的部分易于形成图形；
（3）亮的部分比暗的部分易于形成图形；
（4）含有暖色色相的部分比冷色色相的部分易于形成图形；
（5）向垂直或水平方向扩展的部分比斜向扩展的部分易于形成图形；
（6）对称形部分比带有非对称形部分易于形成图形；
（7）具有幅宽相等部分比幅宽不相等部分易于形成图形；
（8）与下边相联系的部分比从上边垂落下来的部分易于形成图形。

对卢宾的反转图形，根据第1、第3条件的任一条，都可以说明杯子比双人侧面像易于形成图形。图3.25可以利用第7条来解释。第8条可借助于图3.26下边黑色部分看起来易于形成图形的现象来理解。

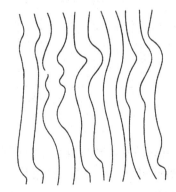

图 3.25　幅宽相等部分易于形成图形

图 3.26　下联部分易于形成图形

图 3.27 是建筑中的栏杆，对图中（a）来说，看到的既有中间粗的栏杆柱，又有中间细的栏杆柱；（b）是处于楼梯段时，中间细的栏杆柱处于优势地位。由于楼梯段的倾斜，使中间细的栏杆柱演变成对称式，这就符合了条件 6 关于形成图形的解释。

2. 形态聚合

所谓图形中的可见部分，是指作为视觉对象表现出聚合性的那一部分，格式塔（Gestalt）心理学称这一部分为形态。这个学派先驱韦特墨（Wertheimer）在做了大量的实验以后，于 1923 年发表了所谓形态法则，指出了由于那些因素使部分形态聚合起来。韦特墨和其他一些研究者，举出了以下一些聚合因素：

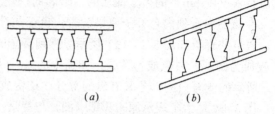

图 3.27 对称形易于形成图形

（1）位置相近的形态容易聚合（接近因素）。图 3.28（a）是等距离的直线群；而（b）显示出每两条线一聚合的倾向；（c）可以看出明显的两条线一聚合。

（2）朝向一定方向的部分容易聚合（方向因素）。图 3.29（a）根据接近因素看到的是 4 条纵线，而（b）在方向因素支配下看到的是 4 条斜线。

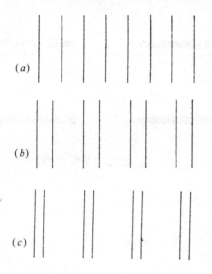

图 3.28 接近因素

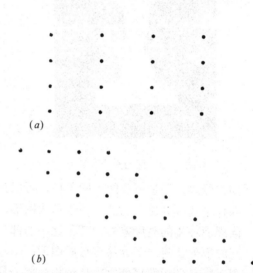

图 3.29 方向因素

（3）相似部分容易聚合（类似因素），见图 3.30。

（4）对称形容易聚合（对称因素）。在图 3.31，可以看出左边的 2 条花纹一聚合，后边的 2 条另一聚合，假若按类似因素就不应该是这样，在这里表现出对称因素的作用超过了类似因素。

（5）封闭形容易聚合（封闭因素）。见图 3.32（a），该图（b）不完全封闭，但尽管如此，仍然可以看出封闭因素的作用强于接近因素。

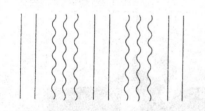

图 3.30 类似因素

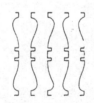

图 3.31 对称因素

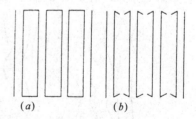

图 3.32 闭合因素

（6）几何学的美的连续线容易聚合（良好连续因素）。图 3.33 是看到的直角转折直线和波形曲线的聚合。在这里良好连续因素比封闭因素更占优势。从图 3.34 中的八角形和折线也可以看清楚，这也是良好连续因素的例证。

（7）含有意义的形式容易聚合（意义因素）。当不做任何说明的时候，看图 3.35 表示出什么概念是难以想像的。然而，一旦指出这是横卧着的字母序列 E 字的阴影时，就会看出该图的聚合性。

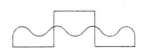

图 3.33　直角转折直线
　　　　与波形曲线

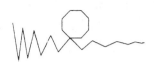

图 3.34　八角形与折线

图 3.35　这是什么

上列各因素，单独地作用并不太强。图 3.27 (b) 的中细栏杆柱聚合性并不十分突出，这里仅有对称因素在发挥作用。现在将该图改绘成图 3.36 的样子，作为图形就远比前者更具聚合性了。该图不仅采取完全对称，同时接近因素和良好连续因素也有助于图形的聚合。这个时候再将整个栏杆同图 3.27 (b) 进行比较，会感觉到是绝对聚合的。将对象物分解为几个部分时，其部分的聚合服从于整体形态聚合。

3. 良好形态

所谓的形态聚合，并不一定意味着它是完美的。聚合现象会使人感到一定的稳定感，但感到其美还有相当一段距离。在前节讨论聚合因素中直接关系到美的，似乎有对称因素和良好连续因素。

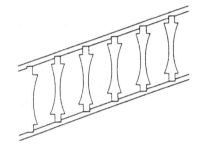

图 3.36　栏杆与栏杆柱

韦特墨的格式塔法则（Gesetze der Pragnanz）认为，图形越简单，良好图形的聚合倾向越明显，例如图 3.37 的几何图形，既可以看成是平面的（二维）图形，也可以看成是立体的（三维）图形，图中 (a) 一般多被看成立体的，而 (b)、(c) 逐渐越难看出其立体性，(d) 则首先看出的是平面六角形。就是说，这种图形在理解其良好形态时，以偏于立体的观点去看就是立体的，以偏于平面的观点去看就会是平面的。

(a)　　　　　　　(b)　　　　　　　(c)　　　　　　　(d)

图 3.37　立方体的线条图

格式塔法则与美的关系很大。再看下个例子，图 3.38 (a) 表现什么是不清楚的，但是人们会感觉出两种良好形态，那就是 (b) 的圆与梯形，很难产生 (c) 那样的两种形态的结合。图 3.39 是梅茨戛（Metger）提出的稍微复杂的花纹。这个花纹是怎样构成的？其实是由 (a) 的弦轴形素拼成的，但是首先这样理解的人确很少，大多数人都会认为是由 (b) 的大小两个正方形素拼成的。观看花纹的周边，尽管正方形的形素是不完整的，但仍然难以看出是弦轴形，此例充分表现了格式塔法则言简意赅的内涵。

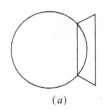 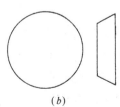

(a)　　　　　　　　(b)　　　　　　　　(c)

图 3.38　圆与梯形

4. 空间形象

建筑物从外面看，是个具有充实内容的实体，而在建筑物的周围则可以看成是什么都不存在的空间。而这种空间在路灯的周围、在雕塑小品的周围、在树丛的周围也存在。在进行城市景观环境设计时，对这些空间都应予以足够的重视。建筑物周围形成的空间,在环境构成中具有极其重要的意义。

现有两栋建筑物,如图 3.40(a)所示,二者相距很远,相互之间构不成视觉联系,所形成的空间是空虚的。假若,使二者像(b)那样接近,并且使其一层部分后退,这时空间就有聚合性了。这时,人们若站在两栋建筑物之间,就会感觉到空间成为图形,而建筑物变成背景。在这里空虚的空间形象远比实体建筑物的形象更有意义。在我国南方广州、厦门等旧市区沿街的骑楼建筑之间所形成的城市街道空间,就是这种空间形象;但是,在现代化的新城区超宽的街道之间就难以形成聚合性空间了。

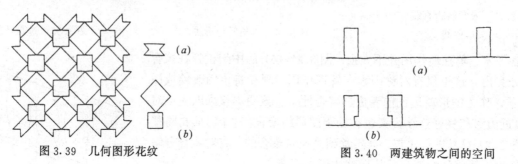

图 3.39 几何图形花纹　　　　　　　　　图 3.40 两建筑物之间的空间

空间形象特别是在十字路口和广场发挥着巨大的作用。图 3.41(a)是在十字路口呈现出难以把握的空间形象;(b)是由纵横两条道路相交切割而成的广场空间,看起来就比前者聚合性增强了。即使在通常的十字路口,若切去四个建筑物的角,构成了所谓八角形空间就聚合成开阔的广场如(c);若以十字路中心点为圆心画个圆,利用曲线切去四个建筑物的角,就会更进一步增强聚合性,如(d)。这种圆形的十字路口广场,在图面上看到的是明显的良好形态图形。(e)作为广场来说,最喜欢被包围起来,使人们能清楚的感觉出形象。日本当代著名建筑师芦原义信氏将这样以角围成的空间,称为"凹角空间"。

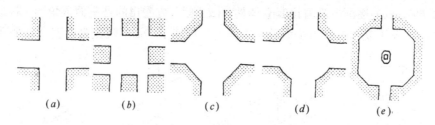

图 3.41 十字街口与广场

空间的形象可以意识建筑的内容。建筑物的平面图,可以说是由黑白两部分构成的,其中白的部分是建筑物的目的所在。在这里,黑的部分就是由建筑材料构成的实体;白的部分是由实体围合而成的空间。白的部分假若潜含某种形象,那只是作为空间的易于聚合而已,在遇有复杂情况时,白的部分也可能向人们提供某种启示,表达某种信息。

图 3.42 是勒·柯比西埃(Le.Corbusier)设计的郎香教堂平面图。不能仅就平面图来讨论这栋复杂的建筑物,如只看平面图,那里面的部分很明显是无从把握、难以理解的形象。但是,当人们走进郎香教堂里面观看,其室内空间竟出乎意料地像长方形,有肯定且良好的聚合效果。

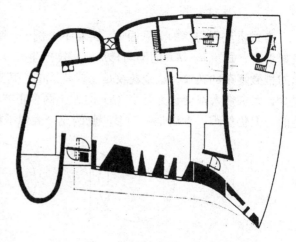

图 3.42 郎香教堂平面图

五、形 态 视 觉

1. 视错觉

在形态视觉中，有一些有趣的现象，错觉就是其中的一个。错觉就是视觉中的错误感觉。但是，这不是说视觉的差错，并不是看错了。这里不包括那些处于神态恍惚中说出的"见鬼"的话。错觉是指不论是谁的眼睛都会发生的视觉自然歪曲现象。

轻度错觉，在人们的视觉环境中是经常存在的，不过通常没有引起人们的注意。心理学家发现了各式各样的错觉图形，并就错觉的发生向人们进行了简明易懂的说明，以下所介绍的，多半以发现者的名字冠于各种错觉的前面。在建筑物视觉方面或多或少也会发生错觉现象。

首先，图3.43举出了有关直线方向的几个错觉。这些图不论哪一个都含有斜线交叉，锐角相交时产生"过大"视觉，看起来直线方向会倾斜一些。(a) 泽鲁纳（Zollner）错觉，在抬头观看高层建筑时会有发生。建筑物的纵向壁柱和窗口的横向交叉，到了上层呈现锐角，如图3.44所示，建筑物看起来会有些前倾。这种错觉，当主要直线不是垂直线而为斜线时，因失去基准而更加显著。若将图3.43(a)倾斜成(b)，这种现象就很清楚了。在室内设计中采用带有倾斜条纹花饰壁纸或窗帘时，就会给人以严重的不稳定感。(d) 得鲁布普（Delboeuf）错觉中l、m、n各点是在一条线上，可是n点看起来要往上一些。同样情况，在图3.45中，间柱的背后有个尖顶拱，看起来来自右侧上升线所能达到的高度比顶点向下一点。

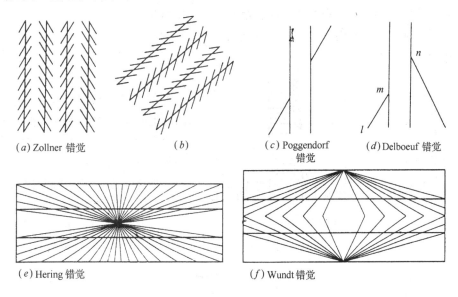

图3.43 方向错觉

锐角的知觉同直角相比远不够稳定，例如，图3.46本来是两个有很大差异的锐角，而看起来好像没多大差别。但是，实际上(a)为20°，(b)为30°，其间有10°差距。

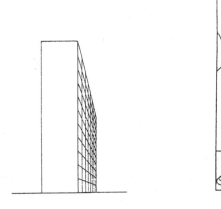

图3.44 感到倾斜的建筑

图3.45 尖顶拱

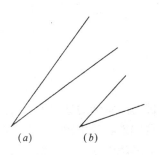

图3.46 二个锐角

第二，关于直线长度的错觉（图3.47）。在(a)中两水平线段相等，但两端开放外张的水平线看起来长一些。在(b)中,垂直线段与水平线段相等,但看起来垂直线比水平线要长一些。在(d)里带有许多分割线的线段比单纯的线段看起来似乎也要长一些。把这种错觉应用在高层建筑上,像图3.48那样有两栋等高的建筑,其右侧利用窗子和上下窗之间的腰墙形成分割线,使建筑物明显的表现出横向分割,这样看起来比左侧没有分割的光秃秃建筑要高一些,那种没有横向分割的竖向全玻璃墙的建筑就难以判断其高度。

第三,由于同化、对比,使角度、大小、形状和距离发生变化的错觉。图3.49(a)在同化作用下,左侧的内圆看起来大一些,右侧的外圆则小一些。(b)～(e)为对比作用下产生的错觉。(d)是表示锐角知觉不稳定的例证。(e)两个窄长方形之间的空隙,比正方形的空隙看起来要宽一些,这是个很有实际应用价值的例证。

2. 视觉恒常性

光和色彩能产生恒常性,而这里所讨论的是形状和大小的恒常性。人们对视觉对象的形状和大小,由于观看的方向、距离不同,所得到的图像形状和大小也不一样。可是人们一般总有一种倾向,认为看到的东西尽是一定的形状和一定的大小。

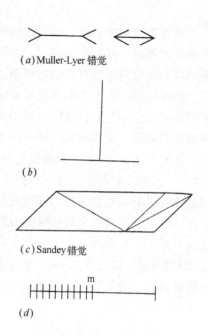

图3.47 长度错觉

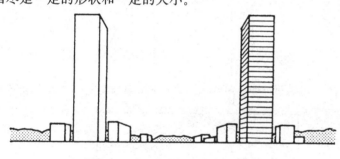

图3.48 哪一栋建筑看起来高一些

试看图3.50,有三个等大的圆筒,放在最远处的圆筒感到似乎大了一些。因为人们的生活经验认为,物体越远,看起来应越小。可是,三个圆筒画的一样大,这在感觉上就显现出越远越大的反常效果。

如将上图的三个圆筒以三个成年人来代替的话,那末最远处的人就显得太大了,这在现实生活中是不可能存在的,越远,人应该画得越

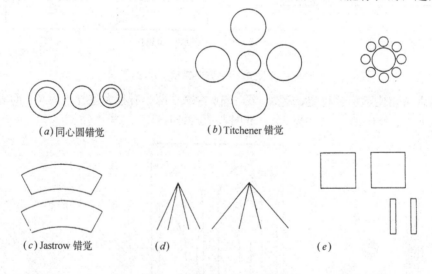

图3.49 同化、对比的错觉

小,因为知觉到的这三个人的高矮大体上是一样的,这就是大小的恒常性。

再如形状的恒常,一枚长方形的名片,由于观看的角度、方向不同,实际上可以获得多种不同的形状,然而人们连续看到的、感觉到的仍然是长方形。

从不同的角度观看实际建筑物时,视网膜图像(内实线)和观察者再现的知觉图像(虚线)是不同的,利用黑田氏的图形就可以明白(图3.51),建筑物的外形为长方体,图上最外侧的实线,表示建筑物正立面和侧

立面的长方形。这同对建筑物的知觉印象（虚线）的形状有相当差距，观察到建筑物的长方形被拉长了，由此可以了解，其中存在相当程度的知觉恒常性。

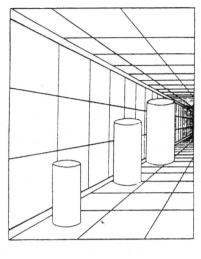

图 3.50　三个圆筒

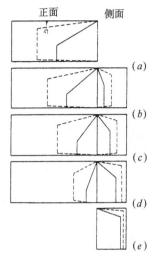

图 3.51　建筑物形状的恒常

第二节　听　　觉

人们接受外界信息，除了视觉器官之外，就要轮到听觉器官了，这是处于第二位的信息交流工具。

一、听觉器官的构造

1. 耳

作为听觉器官的耳，由三部分构成，鼓膜之前称为外耳，鼓膜与前庭窗之间称为中耳，从前庭窗向里称为内耳，见图 3.52。

外耳的耳翼（所谓耳朵）是一种集音器，人类的耳翼肌已经退化，几乎没有集音效果。连接耳翼的外耳道有 2.7～3.5cm；外孔的半径有 0.2～0.3cm；内孔（鼓膜）的半径有 0.35cm，呈圆锥形。共鸣频率为 2500～4000Hz，在这里声压约增强 10dB 到达鼓膜。鼓膜里直径约为 7.5mm，厚度约为 0.1mm（中间部位 0.06mm）的近似椭圆形纤维质薄膜。由声波激发的鼓膜振幅是非常微小的，刚刚能听到的声压标准（最小可听值）时的振幅是 1kHz 为 1×10^{-9}cm，约相当于氢原子直径的 1/10 左右。

中耳是听小骨所在的空腔，称为鼓室。容积有 1～2cm^3，其下方为耳管，与鼻咽腔相连。听小骨由三块构成，

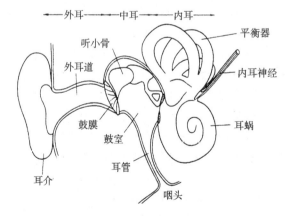

图 3.52　耳的构造模型图

按其形状分别称为：锤骨、砧骨、镫骨，三者相互连接，由鼓膜向前庭窗通过振动传递声波。鼓膜与前庭窗的面积比约为 43mm^2：3mm^2≈15：1，在这里听小骨的连锁扩大作用得到增强，鼓膜的声压变成 20 倍向前庭窗传递。中耳获得的声响效果达到 20～35dB。从鼓室到鼻咽头的耳骨具有通过空气调节鼓膜内外气压的作用。由于咽喉的运动，经常张开进行气压调节，遇有炎症，管腔肿胀闭塞，妨碍了气压调节，会使鼓膜振动不充分。

内耳里的声音接受器官除耳蜗之外，还有三个半规管和前庭器官。头盖骨里到处都连接着复杂形态的，内部充满淋巴液的管状器官（综合称为耳的迷路）。半规管是伸向三维方向的三根近似半圆形的管子，伴随头的

运动经淋巴液的作用，使内部毛状细胞产生感知。在前庭里带有称作耳石的明胶质小块的毛状细胞，会感知头的倾斜。因此，三根半规管和前庭也称为平衡器官。在强烈声音刺激下会感觉到摇摆和头晕，这是因为耳蜗与平衡器官一起受到刺激的缘故。

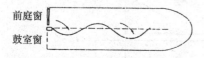

图 3.53 耳蜗内基底膜的振动模型图

耳蜗是个卷有 $2\frac{3}{4}$ 圈的蜗牛状的管子，其内腔被基底膜分成上半部（前庭层）与下半部（鼓室层）两部分，在接近顶部处有耳蜗孔相互进行交流。于是，由声音引起的鼓膜振动，经听小骨逐一传递给前庭窗，使耳蜗的淋巴液里产生行波，促使基底膜进行振动。行波的最大振幅接受高频时接近前庭窗，接受低频时接近耳蜗孔，按照频率波谱（Spectre）形成了基底膜的振动模式见图3.53。基底膜上附有毛状细胞感声器（科提氏器官）全部约有3万个毛状细胞，按照基底膜的振动模式接受刺激。就是说，在基底膜上形成了音像。接受到刺激的毛状细胞，按照刺激的强度（频率）产生电信号（脉冲），传递给耳蜗神经，再经过三种神经元（神经单位），最终到达大脑皮质的听觉中枢，至此完成了声音的感知过程。

在这个过程中，由于向心性与离心性神经网的反馈作用，在耳蜗内形成了音像，使听觉神经感受到纯音或复合音。

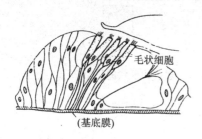

图 3.54 罗毡器（科提氏装置）

根据听到的声音的强弱可以辨别基底膜振动的强弱——毛状细胞刺激的大小——发生电信号脉冲的频率大小和变化（见图3.54）。但是遭遇过强声音时，为了保护内耳，附着在鼓膜与镫骨的小块肌肉（称为二合耳内肌）会进行反射性收缩，从而抑制振动的传输。不过二合耳内肌的反射性反应存在潜伏时间性，所以对突如其来的冲击声音，类似迅雷不及掩耳往往不能充分抑制振动的传输。

2. 听力

人耳的可听范围非常广阔，从图3.55可以看出，声压级从 0~120dB（相当压力的 10^6 倍），频率从 20~20000Hz，都可听到。20Hz 以下部分称为超低频声，20000Hz 以上称超声波。图中的曲线表示感觉大小相同的声压级频率特性，称作等响曲线。图里最下边的虚线表示可听界限的最小可听值，即可闻阈。并不是所有的人在此界限上都能听得到，一般是从 10 方（Phon）左右开始能够听到。方（Phon）是表示声音大小即响度级的单位符号，是以 1kHz 的声压级（dB）为标准，而进行的尺度化，此时听觉最敏感，不论在此限以上或以下其敏感性都要逐渐降低。但是，这也因人而异。所以在对每个人的听力进行测定时，需要测查每种频率的最小可听值。

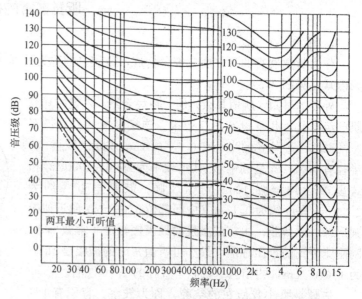

图 3.55 耳的可听声音的频率和声压级的范围以及大小的等响曲线图的中央虚线所围范围是人类声音所使用的范围

任何人的听力都不是稳定不变的，都会随着年龄的增长而逐渐衰减，此外还和人们所处的环境有关。图3.56是记载听力变化的听力图，其横坐标为检查用频率，纵坐标为听力损失值。人们的听力在 20 岁前后最好，以后健康人的听力也随着年龄增长而下降。这称为老年性听力衰减如图3.56所示，30多岁听力已经开始下降。而且，一般是频率越高听力损失越大。老年性听力衰减的原因，是由于年龄增长听小骨关节硬化和内耳感声器官敏感度下降而引起的。

约在35年以前，曾对非洲土著民族马班族进行调查，发现了听力异常现象。图3.57所示为马班族与威斯康星（Wisconsin）州市民的听力比较。在马班族因年龄增长而使听力衰减发展的非常缓慢，马班族没有大鼓和步枪，终日生活在安静的环境里，而且他们非常健康，很少有高血压、心肌疾患，可见其血管机能总处于"年轻"状态。但是在工业比较发达的所谓文明国度里，其老年性听力衰减，除了由于年龄增长的变化之外，可以说是营养不均衡，生活紧张，环境噪音等等积累的结果。此外，在另一个国家的调查，发现在相同年龄群中女子比男子听力要好一些。这除了因为体质上的不同之外，噪音影响的机会少一些也是个因素。环境噪音对听力的影响十分突出，我国的纺织行业女工，特别是在织机旁操作的女工平均听力都比较差。

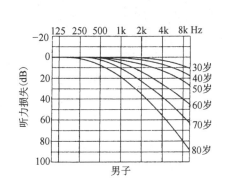
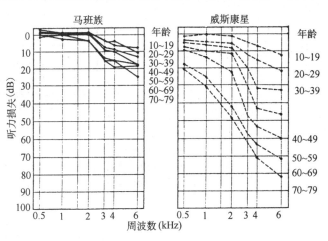

图 3.56 听力的年龄变化（年龄群平均值）　　　　图 3.57 马班族与美国市民的听力比较

二、噪音对健康的影响

就声音对人的感受效果而言，分为乐音与噪声。

一般比较和谐悦耳的声音，我们称为乐音。物体有规律的振动会产生乐音，如钢琴、胡琴、笛子等发出的声音都属乐音。用各种乐器组合发出的音乐当然都属乐音。语音中的元音也是乐音。

不同频率和不同强度的声音，无规律的组合在一起，则变成噪音，听起来有嘈杂的感觉。但是也常指一切对人们生活和工作有妨碍的声音，不单纯由声音的物理性质决定，也与人们的生理和心理状态有关。

噪声来源有机械振动、摩擦、撞击和气流扰动产生的工业噪声；由飞机、火车、汽车、拖拉机行驶过程中产生的交通噪声；由街道或建筑物内部各种生活设施人群活动产生的生活噪声。

严格说来，噪音与噪声有一定的区别。物体无规律的振动，如碰门声、刮风声都称噪音。语音中辅音的构成以噪音成分为基础。

乐音与噪音声源虽然不同，但对人们的感受来说，在一定条件下会发生变化。如人们在进行相互交流，希望有一个安静的交流环境，这时对于悦耳的乐音也不受欢迎，会当成噪音来对待。

噪音对健康的影响是很广泛的，其中有因为吵闹、会话、电视等对听觉的影响；有对工作、休息、睡眠等的生活影响；有对听力衰减和对耳以外的身体影响等等，涉及到许多方面。各种噪音量大，其影响也大，且对集团而言，其受害率也高。上面列举的噪音发生后的影响途径，可用图 3.58 来表示。从耳到大脑听觉中枢的这段途径是声音的感觉通路，在这里发生的影响就是听力衰减，因喧闹而妨碍听觉，属于直接影响。另外，从耳开始通过网状体，或者从听觉中枢开始扩散波及达到对大脑皮质的其他领域的刺激，引起了妨碍精神性作业（工作、学习、休息、睡眠等）和产生不愉快的情绪。这种影响是由于声音的感觉通路间接刺激而产生的间接影响，它可以诱发其他的感觉（如寒暑、振动、疼痛）或精神上的苦恼。尤其这些精神上、心理上的负担一增大，通过下视丘控制的自律神经系统和内分泌系统的刺激，就会出现头痛、胃肠不适、血压上升以及对妊娠和生产的影响。这种对身体的影响是间接的影响。由于噪音直接或间接的影响而产生了烦燥。当烦燥超过一定限度时，人们就会对噪音发生源产生不满，会向有关部门提出抗议。可以认为，从感到烦燥开始到采取某种抗议行为，是由于直接或间接的影响发展而成为综合性影响的结果。声音的影响也和其他环境刺激一样，就人的主观方面来看，也因人、因性别、因年龄的不同而有所不同；从客观声响方面来看，因为音量的大小、音色、发生时间的不同而有差别。

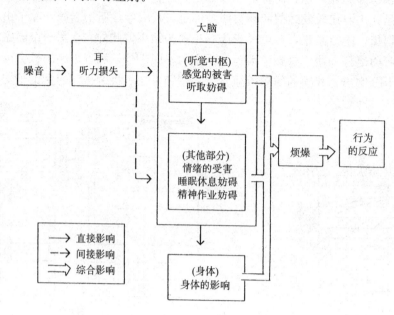

图 3.58 噪音的影响

噪音对身体的影响在很久以前人们就已经知道。在噪音强烈的工作环境会产生职业病，把这种听力损失称为噪音性耳聋。在钢铁厂、机械厂、锅炉厂、纺织厂等等，这些现场噪音经常达到 100dB 上下。长年在这样的环境里劳动，就会造成听力损失。

听力损失的评价，是根据对日常会话的妨碍程度来进行的。在进行听力检测时分别以 500Hz，1、2、4kHz 四种频率测定其听力损失，假定分别测得 a、b、c、d（dB）四个损失值。这时可采用 $(a+2b+c)/4$ 的 4 分法计算，或者采用 $(a+2b+2c+d)/6$ 的 6 分法算出结果。在有些国家较多采用 $(a+b+c)/3$ 的单纯平均法计算。一般，当采用 4 分法进行计算，得到 30dB 以上的听力损失时，则被看作为听力异常。在 1961 年日本劳动省对经常处于 100dB 以上的噪音现场，进行过实地调查，其中听力异常者，工作 5 年的有 3.5%；工作 5~10 年的有 9.4%；工作 10~15 年的有 19.2%；工作 15~20 年的有 29.1%；工作 20 年以上的达到 47.2%。这说明处于高噪声环境时间越久，听力异常者人数越多。在每年的统计报告中，接受检查的有 10 万人以上，其中听力异常者大多经常超过 10%。噪音性耳聋，从 4kHz 频率附近开始的比较多（见图 3.59）。日常会话中使用的主要是 300Hz~3kHz 的频率，所以对接近 4kHz 频率的听力损失，在开始时往往不被注意。会话频率范围逐渐向外扩展时，自己就会渐渐有所感觉。

噪音性耳聋是内耳里毛状细胞被破坏现象，其造成的原因，一种观点认为是由于过度刺激造成的机械损伤；另一种观点认为是由于内耳血管收缩供氧不足造成的，目前尚无定论。总之，噪音可以使听力暂时性的降低（暂时性耳聋，TTS），由于反复的持续作用，使这种暂时性降低达到不能恢复的程度，就成为永久性听力损失（永久性耳聋，PTS）。

噪音性听力衰减实验是从 TTS 开始的，使之长期暴露在该声音中，即可预测因此而产生的 PTS。用这种方法，日本制定了噪声容许标准。图 3.60 就是按上述方法制定的，其结果适用于现场的噪音音组分析，并可求出各个倍频程标准全部不超过的曲线，把它规定为在该环境里一天的容许暴露时间。在进行 1/3 倍频程分析时，采用图的右侧轴坐标，图内的 480 分，就是 1 日 8 小时的容许曲线，大体上是 90dB（A）。如果处于图的容许标准以下，根据研究结果，连续工作 10 年，听力损失在频率为 1kHz 以下时不超过 10dB，频率为 2kHz 时不超过 15dB，频率为 3kHz 时不超过 20dB。ISO（国际标准化机构）1971 年提出建议以 Leg（等价噪音标准）取 85~90dB（A）作为容许噪音标准。并规定连续工作 40 年，在 500Hz，1、2kHz 时平均听力损失达到 25dB 以上的人，分别不得超过 10% 和 21%。为了控制这个比率使之接近于 0%，所说的 Leg 必须在 80dB（A）以下。上面所讨论的是在劳动环境里的容许值，当然不能直接应用于一般的环境条件。美国的环境保护厅，为了保护居住小区居民的听力，规定标准 Leg 为 70dB（A）。据调查，在此标准以下时，在 4kHz 频率条件下永久性听力损失（PTS）达 5dB 以上的人，不足小区人口的 4%。全天的 Leg 超过 70dB（A）的地方，是面向主要干道的地域，普遍认为这里是噪音最严重的区域。在航空港附近、高速公路两侧、闹市区虽说存在噪音性听力衰减，但是衰减的数据还有待进一步研究。如最近，在青年一代当中正在流行的摇摆音乐等超过 100dB（A），其不仅对演奏者，对广大听众也存在发生耳聋的危险，这种研究也在进行。

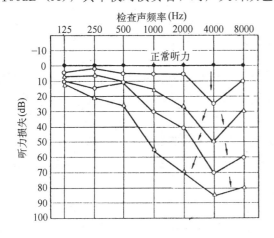

图 3.59 噪音性耳聋的听力图和听力衰减进展情况

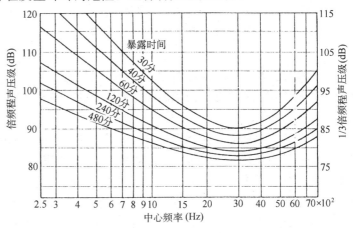

图 3.60 保护听力的噪音容许标准

我国京剧的开场锣鼓和某些歌剧过强的伴奏乐器、其声音标准也超过 100dB（A），虽然原为乐音，也转化成噪音，特别是对于接近声源的演奏者和听众来说，其危害是很大的，确有"震耳欲聋"之感。有的时候伴奏的乐器声音超过了演员的歌声，使歌声被湮没于乐器声中，这是很失败的，是噪声干扰了歌声，听众会感到十分遗憾。

噪音会产生不愉快感、妨碍生活，导致精神紧张，甚至会对听觉器官以外的身体有所影响，如头痛、耳鸣、心跳加快、血压升高、胃肠不调、胃溃疡、影响妊娠等等，这就是噪声污染的结果，是社会性公害之一。如前所述，对身体的这些影响，是由于精神上的心理影响而引起的，是典型紧张反应，是精神症状。而出现这种反应的途径，就是以下视丘为起点的自律神经系统和内分泌系统，可以理解为交感神经系统的紧张和激素分泌的不平衡所带来的结果。

三、超声波、超低声波

人耳可以感知的声音的声波频率范围为 20～20000Hz，在此范围以上和以下的声波频率所引起的空气振动是听不到的。具有接近 20000Hz 以上频率的空气振动称为超声波。人类还不具备感知这种声音的受纳器官，但是有的动物能够知觉出来。譬如蝙蝠可以发出超声波，还能够听到超声波，所以能够利用声波回响判断方向，在黑暗的洞穴内可毫无冲突地自由飞翔。人类所听不到的超声波具有较高能量时，也会对人体产生各种影响。作为强超声波的发生源，有洗洁机、乳化装置、焊接机、铸造装置、塑料熔接机等工作机械；还有医疗用超声波诊断仪以及治疗机；各种探测机、计量机等。这些机械在运转中产生高频振动，并通过空气发出超声波、随之使皮肤等产生热感、耳鸣、耳痛、头痛、恶心、头晕眼花等等。这些机械往往还伴随产生可听高频声，这时就存在发生暂时性耳聋或永久性耳聋的危险。不过，现在还没有制定出工作现场的容许值。

具有 20Hz 以下频率的空气振动，称作超低频声，最近也成为社会公害问题之一。在一些地区，如工厂、公路桥、航空港等地不断引起不满或抱怨。通过测定发现，这里不仅存在耳朵听不到的 20Hz 以下的超低频声，还含有 100Hz 以下的低频声。像这样受到可听阈和不可听阈两方面的交混影响便会引起居民的不满和抱怨。日本环境厅用"低频空气振动"一词来概括这种交混影响现象，以便寻求对策。

低频空气振动从自然现象来看是很容易发生的。譬如由于风、海的波涛、雷、瀑布等而发生的；风吹到建筑物上，在室内能测出相当强的空气振动。在汽车、电车等交通车辆的内部，在空调机和换气风扇正在运行的房间里都会发生低频空气振动。较低水准的低频空气振动比较难以测定。

当前作为公害问题提出来的低频空气振动发生源有工厂机械设备中的压缩机、泵、鼓风机、振动筛等；公路与铁路的桥梁和隧道；航空港的喷气发动机试验；河川和水坝堰堤的落水等等。周围居民的不满大致可分为物质上、心理上和生理上所遭受的危害。物质上的危害如门窗以及纸糊推拉门的晃荡，屋瓦的移位等等；心理上的危害如不愉快感、焦燥，妨碍睡眠等等；生理上的危害则表现为头痛、头重、耳鸣、恶心、耳和胸的压迫感等等。

第三节 嗅 觉

人的嗅觉虽然不像视觉和听觉那样具有极其重要的信息接受功能，但是在保护和维持自身健康方面确有不可替代的作用。嗅觉是由敏感的鼻腔来完成的。嗅觉的外围感受器就是处于鼻腔最上端的嗅上皮里的嗅细胞。

做为嗅觉工具的鼻，实际上是兼有呼吸与嗅觉两种功能的器官。鼻分为外鼻和鼻腔。外鼻突出于面部的中央。鼻腔是由鼻孔（外鼻孔）至咽喉的腔，由鼻中隔分成左右两半。鼻腔的外侧壁上各有三个卷曲的突起，分别称上、中、下鼻甲，各鼻甲下方的空隙分别称为上、中、下鼻道。鼻腔前段生有鼻毛，起滤尘作用；上部的粘膜色黄，主管嗅觉，即嗅细胞所在；下部的粘膜血管丰富，有调节吸入空气的温度和湿度作用。鼻腔又与其旁的几个骨质空腔（鼻窦）相通。鼻窦也有协助调节空气温度、湿度和音色的作用。

嗅觉可以区别空气的气味，不仅能辨香臭，而且能辨别各种香型。对于呼吸的空气具有过滤探测的作用，及时发现异味气体，以便采取对策。在某种程度上与痛觉具有类似的作用，可以及时的"报警"，以免机体受害。嗅觉不灵或嗅觉迟钝是一种病态，不辨气味是很痛苦的，不仅不能体验香气对人的刺激兴奋作用，也不能及时抵御臭气对人的侵袭、特别是遇有有毒气体情况下，不能及时发觉，会造成严重的后果。

人在感冒时会发生鼻塞，鼻腔正常通气能力受阻，因而妨碍鼻腔上端嗅觉细胞发挥作用，严重时会暂时的嗅觉失灵，闻不到气味。

嗅觉可以单独的发挥感觉作用，但是多半情况下，与视觉和听觉同时作用产生复合感觉，这可以加深对环境信息的理解和判断。对于感觉器官健全的人，复合感觉是普遍的正常现象。

第四节 触 觉

就人的机体与外环境的关系而言，皮肤处于机体的最表层，直接接触体外环境，具有保护机体、接受环境刺激，产生感觉，及分泌、排泄、呼吸等功能。这里我们着重讨论皮肤感觉器官功能，也可简称为肤觉功能。

人体的各种感觉都是物理刺激作用感觉器官的结果，其表现形式就是相应做出的反应。眼睛可以做出视觉反应；耳朵可以做出听觉反应；鼻子可做出嗅觉反应；而机体的皮肤暴露接触外界环境，可做出触觉反应。物理环境的诸多因子构成了外界环境，机体皮肤都会做出感觉后的反应，如冷热、干湿、风速、气压，人们会感觉到舒服不舒服。机体也会像眼睛瞳孔对光的强弱做适应调整那样，面对温度、湿度、气流、气压做出机体调整。这种生理调整是机体的自然机能，健康的正常人，均具备。

对于感觉来说，在一定条件下，当刺激发生变化时，相应的感觉也会引起变化。刚刚能引起感觉的最小刺激强度称作绝对觉阈（L），刚刚能引起感觉差别的刺激之间最小差别，称作差别觉阈（ΔL）。人体对不断变化的环境刺激（ΔL）所引起的感觉差别要比环境的绝对觉阈（L）敏感得多。因接受刺激而使身心机能发生变化，这就是反应。为了适应新的环境而创造与之相适应的身心状态，这种生理活动被称为调节。譬如气温下降到一定程度时，身体会情不自尽地寒抖，气温上升会不由自主地发汗，这就是为维持一定的体温而进行的自律性生理调节。经过长期的环境刺激，使身心反应不断改变，反复地调节，逐渐达到巧妙的程度，称作适应。夏天发汗机能旺盛，冬天体内发热量高，这种现象就是身体对季节的适应。即在环境刺激作用下，身心经过短期的反复调节，达到长期适应状态，以此作为对环境的谐调，以维持身心健康。

触觉机能主要是靠生理器官的能力在生理活动过程中实现的。当体外环境气温上升时，皮肤在高温作用下，不仅感受到温热，同时皮肤血管会扩张，导致血流量增加，使皮肤温度上升，甚至于发汗；因为由皮肤表面蒸发的水分增加，使体内热量随汗液排出，即增加了散热量，从而防止了体温上升。当气温下降时则会产生逆态反应，皮肤血管会因气温变冷而收缩，血流量减少，皮肤表面温度下降，使向外散发的热量减少。另外由于肌肉有节奏的收缩颤抖而生热，从而又防止了体温下降。在这种情况下，同调节发生关系的器官有皮肤、血管、汗腺、肌肉等等，正由于系列的生理的反应，机体才适应了气温的变化。气压下降会引起呼吸数增加，光的明暗变化会引起瞳孔缩小或扩大，这些都属于器官能力的生理性调节。都是感觉系统的自律性功能表现。

肤觉除了温冷觉之外，还有压觉、触觉和痛痒觉。温冷觉也是触觉的一种形式，可以说是直接接触空气产生的气温感觉，触觉也可以是接触某固体物产生某种软硬、粗糙、细腻等不同的感觉。压觉也是触觉，使人产生压迫感或受到挤压，但还没有产生痛感，没有达到疼痛的程度。压迫过度则会产生疼痛，引起痛觉。但是痛觉并非完全由压迫而产生，皮肤外伤或机体内某些病因都会引起痛觉或痛痒觉，痛觉是维护机体健康的报警信号，会使人们及时发现自身机体遭受到的伤害和病变。

皮肤觉的内容很广泛，对于从事建筑环境设计工作者来说，更多关心的是触觉和温冷觉。

人体感觉器官还有一项重要内容就是味觉，是辨别外界物体味道的感觉。外界物质作用于舌面和口腔粘膜上的味觉细胞，即味蕾产生兴奋，再传入大脑皮层，引起味觉，是整个味分析器统一活动的结果。基本味觉有甜、酸、苦、咸四种，其余都是混合味觉。味觉同其他感觉，特别是同嗅觉、肤觉相联系。辣觉是热觉、痛觉和基本味觉的混合。舌头是味觉的主要器官，但不止于舌头，口腔粘膜起着重要的辅助作用。二者缺一不可。

在生活中的美味佳肴，常讲究色、味、形，这里是视觉、嗅觉和味觉的综合运用，是一种复合感觉。然而对于建筑环境设计来说，对味觉几乎没有要求，不会要求任何人去品尝建筑的味道，所以对味觉我们不过多讨论。

第四章 室内环境

在我们讨论了宏观环境以后,特别是有了人体感觉器官的基本知识,就可以深入到室内环境,继续探讨人与环境之间的关系。

第一节 人体与环境

人类对环境进行各种工作的最重要的目的,就是研究环境与人体的相互关系。把这种关系仅仅单纯解释成为来自环境的作用(刺激)和对之产生反应或适应(影响)结构模式是不够的。其他生物作为基础本能,也存在生来就具备的适应能力。忽略了人的适应能力或者超过了人的适应限度,就成了在环境建设过程中导致公害和产生某些职业病等等的基本原因。

一、体内环境稳定

针对体外环境条件的变化,身心要进行种种的调整和适应,以便使包括大脑在内的体内各机能保持平衡。事实上尽管外部环境经常在变化,但体内机能却表现出惊人的稳定。表4.1是血液成分的正常值和标准偏差,这些成分只在极小的范围内变动。血液的pH值健康人是在7.3~7.4之间,处于7.1以下时会出现昏迷,达到7.6以上时将会发生痉挛。饮用水的水质标准pH值经常为5.8~8.6。另外,食物中酸味强的也是不少的,但是,血液的pH值(酸碱度)仍然稳定在狭小的范围内。血中的糖分(血糖)因为劳动和饮食而发生变化,尽管如此,在安静时,每100ml血液中糖仍保持在90mg上下。法国医学家库罗得·贝尔纳(Claude Bernard,1813~1878年)首先指出了血液和组织液中化学成分的稳定性。他考虑了血液等体液细胞所处的环境,为了同身体以外的环境(外部环境)相区别,取名为内部环境,提出了"尽管外部环境变化,但体内环境稳定不变是生物的特征"这一著名的结论。

所谓稳定状态,不仅存在于血液和组织液的化学成分里,只要处于安静状态,人体生理机能也是稳定的,虽然有个人差,但差别范围也是很小的。表4.2,为生理机能正常值。譬如腋下测出的体温,一般在36.0~36.6℃左右,若比这个标准高出1℃则属微热,若高出2℃则明显处于发烧状态。然而外部环境的气温变化,在一天当中超过10℃的现象是常有的,而冬夏的温差就更大。尽管如此,但是体温的变化幅度仍然保持不超过0.5℃。血压、脉搏、呼吸数等,虽然也因为姿势、运动、劳动而变化,但也仍然保持接近安静状态时的正常值。

如上所述,体液成分和生理机能,尽管由于环境变化,以及因劳动、饮食、睡眠等的生活活动会有狭小范围的波动,但仍然保持稳定。这种现象称为体内环境稳定(Homeostasis)(恒常性)。Homeo是说大体上一定,而不是绝对Homo(一定)。也就是说,虽然需要经常变动,但是变动范围很小,大体上保持一定。首先采用"体内环境稳定"一词的是美国生理学家卡诺(W·B·Cannon,1871~1945)。他通过实验查明了体内机能的稳定性是由于自律神经系统与激素系统的控制而保持的。

血液的化学性质 表4.1

项　　目	平均值±标准偏差
血清 pH	7.36±0.034
动脉血　O_2 ml/100ml	19.6±1.2
静脉血　O_2 ml/100ml	12.6±1.3
静脉血　CO_2 mmol/100ml	28.4±2.7

续表

项　　目	平均值±标准偏差
血清总蛋白　g/100mL	7.2±0.35
血色蛋白质（男子）　g/100mL	15.9±1.12
血色蛋白质（女子）　g/100mL	13.9±0.86
血清钙　mg/100mL	10.0±0.36
血清盐　mEq/L	104±2.6
血清钠　mEq/L	140±1.7
血浆磷　mEq/L	4.26±0.43
血清铁　μg/100mL	105±30
血浆铜　μg/100mL	114±16
血糖　mg/100mL	90±9.6

生理机能的正常值（成人·安静时）　　　　表 4.2

机　　能	正　常　值
呼吸数	约 17 次/min
脉搏数	约 65 次/min
最高血压	110～130mmHg
最低血压	65～80mmHg
红血球数	男　450～500 万/mm³
红血球数	女　400～450 万/mm³
白血球数	6000～7000/mm³
体温（腋下）	36.0～36.6℃
基础代谢	男　36.0～37.0kcal/m²/h
基础代谢	女　32.0～32.5kcal/m²/h

维持体内的环境稳定是身体健康的标志。医生进行健康诊断时，测量体温、脉搏、血压、采血、取尿进行化学分析，与正常值做比较，当发现偏离表 4.1、4.2 所示的正常值时，则说明体内环境稳定遭到破坏，表明患病或者健康不良。

二、生物体的控制机构

为了维持体内环境稳定，或者称为体内环境原态稳定，需要面对外环境的变化进行体内调整，这就必须具有精密的控制机构。如面对夏天，皮肤血管会扩张、出汗；面对冬天，皮肤血管会收缩、寒抖，这都是为了保持体内温度的稳定而进行的调整。在不发达的动物界中（如控制机能不发达的昆虫类），其体温很容易受气温的影响（变温动物），只能在比较狭窄的气温范围内旺盛地生活，冬季以卵和蛹的形态冬眠越冬。鸟类与哺乳类具有优越的控制机能，能在比较广的气温范围内维持体内稳定的体温（恒温动物）。尽管如此，若气温超过某一范围，也会发生冬眠、夏眠或者迁移（候鸟）现象。后者也是一种行为调整。动物的筑巢也是面对环境的行为调整。人类由于衣服、住宅和火的利用，使面对环境的适应范围更扩大了。这可以看成为文化的调整或适应。这种行为的或文化的调整，是对生来所具有的身心调整能力的补充，是使维持体内环境稳定范围扩大的一种现象（图 4.1）。

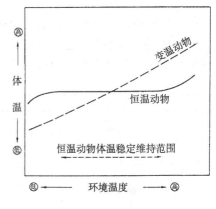

图 4.1　体温稳定性

生物体控制机构的作用是控制每个对象，实现调节，譬如体温调节、血压调节、血糖调节等等，而能够进行这种调节的机构，就称调节（控制）机构。按工程学来说，控制机构是由检测器、调节器和效应器构成的见图 4.2。就体温调节来说，检测器是皮肤和身体内部的温度感觉器官（受纳器）；调节器是下视丘的体温调节中枢；效应器是汗腺、皮肤血管、肝、肌肉等等。下视丘是处于主管意识与意志的大脑皮质以下与脑底部相连接的间脑里。所以体温调节是与意志无关的自动行为，血糖、血压及其调节也都是自动进行的。

身体生理机能的调节是由两个系统控制的，这就是自律神经系统和内分泌系统。自律神经系统与产生意志行为的运动神经系统不同，后者对产生身体运动的骨骼肌传达命令。与此相反，自律神经系统是向产生内脏运动的平滑肌传达命令。胃肠蠕动、心脏跳动，血管缩张与内脏运动，是由于内脏壁内平滑肌的收缩引起的，向平滑肌的支脉传递来自中枢神经的指令的就是自律神经。我们知道自律神经系统又分为交感神经与副交感神经两类。这类神经系统几乎在到达所有各器官的同时，其作用效果都是相反的，由于两者活动水准的平衡，使各内脏的运动得到调节，见表4.3。譬如由于交感神经的刺激，使心脏跳动速度加快，脉搏次数增加，每一次收缩进出的血液量（搏出量）增加。相反，由于副交感神经的刺激，心脏的收缩运动受到抑制，脉搏次数减少，血液搏出量减少。交感神经抑制胃的收缩运动，相反，副交感神经则促进其收缩运动。交感神经是个美妙的名称，意

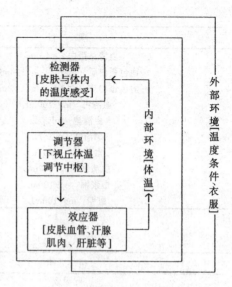

图 4.2 控制机构的基本模式
（括号内是体温调节例）

思是伴随感情作用的神经。事实上，当精神处于紧张、惊异、恐惧状态时，交感神经一齐受到刺激，从而做出如表4.3左侧所示的谐调反应，使心脏跳动加快，血压升高，皮肤血管收缩，脸色发青，口渴，出现鸡皮，出冷汗，胃肠蠕动受抑制等。相反，在安静和睡眠状态时副交感神经居于优势，各内脏活动呈现逆态。但是，像这样在自律神经方面同时活动的情况是很少的。譬如，遇到寒冷皮肤血管收缩，出现鸡皮，脉搏索然减少；由于血管收缩，血液循环受阻，因而血压上升；心脏的搏出量减少又使血压开始下降。遇到炎热时，由于皮肤血管扩张，血压容易下降，因此又促使增加心脏的搏出量。这一切都是按当时所处状态，分别进行控制的。即每个器官各自都有其控制系统，那些汇集于上位的系统，又形成了对范围更广的系统进行控制的系统。自律神经系统不仅是生物体的控制机构，而且构成了如上所述的多层次结构。向各系统发出指令的部分称做中枢，它相当于控制系统的调节器。这种中枢是按照：各个器官的近位中枢，控制几个器官的上位中枢，以及总控全部器官的最上位中枢，这样多层次配置的。

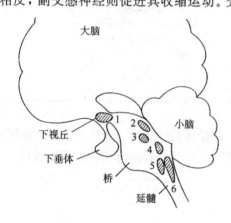

图 4.3 脑干自律神经中枢
1. 交感、副交感神经中枢，体温、水分、食欲等的调节；
2. 膀胱调节；3. 呼吸调节；
4. 心脏促进；5. 吸气；6. 呼气

中间的中枢有脊髓和延髓，最上位中枢位于间脑下视丘（图4.3）。遇寒暑需要调节体温时，需有许多器官参加，所以体温调节中枢是在下视丘。再如，大脑皮质产生的情绪是下视丘最上位中枢的作用，如前述会引起全身性的反应。多层次的控制机构是按从下位系统向上位系统逐渐发展的。

自律神经系支配的效果		表4.3
	交 感 神 经	副 交 感 神 经
心　　脏	促　进	抑　制
脉　　搏	增　加	减　少
血管（皮肤）	收　缩	扩　张
血管（心脏）	扩　张	收　缩
唾　　液	浓厚・少量	稀薄・多量
消 化 道	机能抑制	机能亢进
子　　宫	收　缩	弛　缓
瞳　　孔	散　大	缩　小
支 气 管	扩　张	缩　小
竖 毛 肌	收　缩	收　缩
汗　　腺	神经性发汗	温热性发汗

自动调节机构的第二个系统,就是内分泌系统。内分泌系统是由许多内分泌器官(腺体)构成的,从血液中分泌出来的总称为激素的化学物质,调节体内的物质代谢。主要的内分泌腺如图 4.4 所示,其激素见表 4.4。

这些激素是针对各种特定的组织和器官(标的器官)发挥作用,以促进或抑制其物质代谢。由副肾皮质和性腺(睾丸、卵巢)分泌出的类固醇型激素,与细胞内特定的感受物质(感受器)相结合。促使合成核糖核酸,并参与生成蛋白质。其他类型的激素作用于细胞壁的感受器,由于促进了细胞内(酵素)的活力而参与物质代谢。各种激素都有各自特有的感受器,所以只对有的组织和器官发生作用,这就是标的器官。虽然激素可以单独发挥作用,不过实际上是谐调作用促使物质代谢,实现体内环境稳定。例如,冬季体内的产热量旺盛,基础代谢量增加,这是因为体内的碳水化合物(糖分)和脂肪的分解量增加,这里有许多激素共同作用。首先,由于寒冷刺激,使下垂体的甲状腺刺激激素和副肾皮质刺激激素的分泌量增加,促进了甲状腺的甲状腺素、副肾皮质的糖类皮质激素的分泌。甲状腺素使机体组织的氧化提高,糖类皮质激素使肝脏的糖分贮量增加。其次,寒冷刺激交感神经,使新肾上腺素与肾上腺素的分泌旺盛。新肾上腺素促进脂肪分解,肾上腺素是将糖分由肝脏向血液输送的激素。由于这些激素的协同作用,才实现了冬季基础代谢的旺盛。

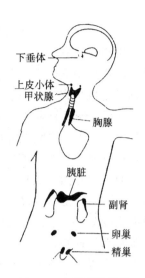

图 4.4 主要内分泌腺

主要激素一览 表 4.4

内分泌腺	激 素	作 用
下垂体	成长激素	成长促进
	抗利尿激素	尿量调节
	子宫收缩激素	子宫运动促进
	甲状腺刺激激素	甲状腺分泌促进
	副肾皮质刺激激素	糖质肾上腺皮质激素分泌促进
	性腺刺激激素	性腺发育·机能促进
	⎰ 卵胞刺激激素	⎰ 卵胞、精子发育
	⎨ 黄体化激素	⎨ 卵胞激素,男性激素分泌
	⎱ 黄体刺激激素	⎱ 黄体、激素乳分泌
甲状腺	甲状腺激素	物质代谢
上皮小体	上皮小体激素	钙代谢
胸腺	胸腺激素	淋巴球增殖
胰脏	胰岛素	糖质代谢
	升血糖素	糖质代谢
副肾	肾上腺素	糖质代谢、交感神经刺激
	新肾上腺素	脂肪代谢、交感神经刺激
	糖质肾上腺皮质激素	糖质代谢
	矿质肾上腺皮质激素	无机物代谢
	性激素	卵巢,精巢的发育、分泌
性腺	男性激素	男子二次性证
	女性激素	女子二次性证
	⎰ 卵胞激素	
	⎱ 黄体激素	

注:除上列之外,还有下视丘的神经分泌,来自交感神经末端的新肾上腺素,来自消化器官的消化腺激素等。

内分泌系统的网状结构与自律神经系统一样也是多层次结构。

下视丘是脑的一部分，是神经细胞的集合体。下视丘处于自律神经的最高位中枢的同时，当然也是内分泌系统的中心，这说明对于体内的两个自动控制机构来说，不论从解剖学的角度还是从机能的角度来看都是统一的。前面讨论过的对寒冷的调节，可以说是下视丘的指令增强了交感神经的作用，在出现皮肤血管收缩、鸡皮、抖颤的同时；下视丘的指令又动员了各种激素，促进了糖分和脂肪的代谢，因而引起发热量增加。

业已讨论过，大脑皮质的情绪变化直接影响到下视丘的自律神经中枢。在情绪变化的同时内分泌中枢也在发挥作用，促进肾上腺素、糖类皮质激素的分泌，还会影响性激素的分泌。所以，在自律神经系统和内分泌系统复杂地控制作用下，使月经、妊娠、生产、乳汁的分泌等受情绪的影响很大是可以理解的。精神的环境条件给与身体的影响，是经下视丘中间媒介而实现的。另一方面，其他的物理环境条件等，不仅直接影响身体，也通过情绪间接地对身体产生影响。下视丘是处于联系精神与身体的"中枢"位置上（图4.57）。

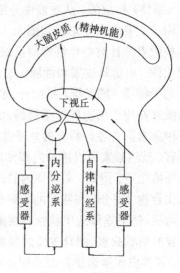

图4.5　下视丘位置

三、身体对环境的适应

身体对环境变化的调整适应能力是有限度的，所以并不是任何变化都能够适应，不过环境变化多数情况下是反复的，长期持续不断的，而调整是很快的，得以调整的范围也在不断扩大。身体与环境之间相互的变化过程就是适应的过程，也可以称为调整的熟练、熟习、习惯。代谢量不仅仅在冬季里增加，当急剧暴露在寒冷的情况下代谢量的增加（产生热量）也是很大的。譬如，人在夏天和冬天穿着同样厚度的服装进入10℃的房间，对寒冷作出反应的代谢量，冬天比夏天增加的迅速，增加率也大。人对炎热的调整夏天比较快，若在30℃的房间里放一盆浴水，使盆内水温在40℃左右，人站在浴盆里，夏天比冬天出汗较快，汗量也多得多，从这种对寒暑的调整反应当中，不仅看出明显的季节变化，也可很好地了解对季节的适应。对化学环境条件的适应，是借助于酶的级能来实现的，如体内酒精的分解，是借助于酒精分解酶等的作用。酒量大的人，这种分解酶会增多，还会新生，这是分解速度快的原因。对于烟草尼古丁的习惯也类似。我们知道对微生物的适应现象称为免疫，受到微生物侵袭的机体以炎症的形式作出反应，同时淋巴球细胞生产出对该微生物的抗体，当以后再有微生物侵入时，微生物或者由其产生的毒素与抗体相结合其作用就停止了。能够生成抗体的微生物及其毒素称为抗原。如患麻疹和流行性耳下腺炎，患一次难以患第二次，就是因为产生了抗体的缘故。流感有许多类型，若个人或集团带有当年流行型的抗体就难以染上流感。于是，人们将减弱或杀死微生物的抗原输入体内，使之产生抗体，这种手段称为预防接种。有的时候动物和人的抗体是通过注射获得的（血清疗法），免疫也是广义的适应现象。对于社会环境条件的适应，是由精神的大脑级能来实现的，所谓对学校或工作岗位的习惯，则意味着精神上的调整迅速和巧妙。

四、调整与适应的条件

身心对环境条件变动的调整与适应是有条件的，这取决于环境方面的作用力和身心方面的调整与适应能力的平衡（图4.6），当环境过度的严酷；调整与适应失败便会影响健康。例如，因炎热而中暑，因严寒而冻伤、冻死，因高山低气压缺氧而患高山病、神经痛、脑出血发作，因有害物污染而中毒，各种传染病，因精神环境引起的神经病等等，都是因作用力一方与适应力一方失去平衡而导致的恶果。身心的调整能力和适应能力除因人而异外，还因人种、性别、年龄而有差别。一般来说，幼儿与老人调整的幅度比较狭窄，同健康人相比，病人和孕产妇的调整能力要低一些。在个人差别当中会有性格、体力和体

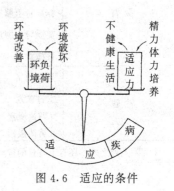

图4.6　适应的条件

质上的差别。对环境的调整能力与适应能力的培养,同锻炼与营养有很大关系。

为了达到对于环境的调整与适应的目的,提高人们的适应能力是很重要的;同时改造环境,使之成为易于调整与适应的环境,也是很重要的。改善环境就是首先从这个意义开始的。人类同其他动物相比,改善环境的能力特别突出。很久以前人们就利用衣服和房屋来缓和严酷的自然条件;以环境卫生和防疫手段来减少传染病;用栽培和调理来增加食品的种类和数量;以发展交通手段来扩大行为的范围,这些都是人工改造自然环境,以使调整与适应比较容易地实现。然而,人工环境并不总是优于自然环境。环境污染及公害等就是人们创造的不健康的环境。只着眼于优先考虑生活方便和生产效益,而不顾人们自身本来的调整能力和适应能力,其结果就必然会破坏环境。迅速改变环境所引起的不健康状态过去就有过,那是在产业革命时期,由于开始了大工厂化,同自然环境谐调的农村人口大量集中到大工厂劳动,并使其周围逐渐形成了城市,与此同时,产生了前所未有的职业病和传染病,如结核、性病及营养不良等。在追求便利和舒适的现代化过程中,虽然没有达到直接破坏环境的程度,但是,却产生了不健康的后果。如大厦和公寓里冷气给人们带来的障碍;闭塞恐怖与高层恐惧带来的精神病态;由于乘飞机旅行使身体节奏生物钟失调等等,这些均可以看成是对新环境、新生活条件的调整与适应的失败。

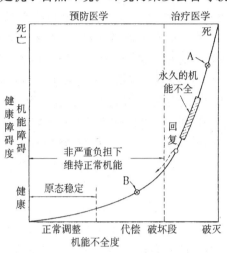

图 4.7 健康障碍与机能不全的关系图
注:机能不全度随年龄的增长、疾病的后遗症大小和过度的环境负荷而提高。

人们的健康与不健康之间不存在明显的界限,所谓强健状态、一般健康状态、稍感不适状态、需要治疗状态等等,只能是大致的区分,很难在他们之间划出严格的界限。哈契(T.F.Hatch)提出了机能与健康关系图(图 4.7),图的横坐标表示机能不全度,纵坐标表示健康障碍度。身心在维持正常调整能力期间保持了体内原态稳定,有的时候虽然超过调整能力,但没有超过代偿能力仍然能维持健康状态(图中的B),不过,这种代偿能力若超过破坏阈(破坏段),即将发生机能障碍,但经过治疗还可能复原。然而,再继续发展,到了不能治愈时,将成为永久性机能不健全,此后,再发展的话,将达到(图中的A)死亡点。当考虑环境对身心影响时,不仅考虑典型性的疾病,更应该着重考虑正常机能范围内的反应和致病前的不健康状态。

五、改善环境的目标

到现在为止我们讨论了身心对于环境的调整与适应,还讨论了不损害身心健康而能够维持体内原态稳定的环境,这些可以称其为健康的环境观点。但是仔细考虑一下,这是个很被动的消极观点。的确,现在造成妨碍健康的环境条件是很多的,为减少和防止这种情况发生,必须努力研究改善环境条件。积极的观点应该是考虑如何进一步提高身心健康水平,为此而创造真正令人满意的环境。真正健康满意的环境,应该是根据素质(遗传)的继承性,使潜在的身心机能得到充分的发展与发挥。我们知道人的行为素质与遗传、成熟、学习和环境诸因素直接相关,在这些因素中环境因素无时无处不在发挥作用。因此人们将改善环境同提高人们的行为素质联系起来,认为改善人居环境会提高人们的素质,会改善精神面貌,会提高精神文明水平,最终会提高民族素质。

第二节 温 热 环 境

一、体 温

鸟类与哺乳类高等动物,体温稳定在一个非常狭小的范围内,这种现象称为体温的体内原态稳定,这对于维持健康而言是非常重要的。体温变化超过1℃,就成为某些异常的征兆,进行这样严格控制的原因,从根本上来说是参与物质代谢的酶构成了对温度敏感性的基础。

这里所讨论的体温，是指核心温度，即身体中心部位温度，即脑，心脏、胃肠等被包藏部分的温度。包围核心部位的外壳温度，即肌肉皮肤温度，也就是容易受到环境温度变化影响的外壳温度。就温度来看核心与外壳，其体内原态稳定被保持住的内部称为核心；为了维持核心温度稳定而随着环境温度变化的部分称为外壳。所以，当环境温度较高时，外壳就变薄；环境温度较低时，外壳就变厚（图4.8）。所谓体温应是指核心温度。体温虽说是指核心温度，但是身体中心部位的温度直接测定是比较困难的。在实验当中可以使用热电偶和热敏电阻来测定心脏、食道、耳、直肠的温度。不过通常是用体温计，测定腋下、口腔（舌下）、直肠的温度。由于测定的部位不同多少会有些差别，其结果直肠温度＞口腔温度＞腋下温度。尽管如此，在安静状态时，直肠的平均温度一般为37℃，腋下为36.3℃左右，部位差很少超过1℃。当测定的部位一定时，通过比较就可以发现生理的变化。一日当中，温度最低的时间，是在早晨临起床之前，所以将此时的体温称作基础体温。起床以后体温逐渐上升，从傍晚到夜间达到最高，就寝以后逐渐下降，到次日晨达到最低点。最好在安静时测定体温，这时的变动幅度在0.6℃以下。女子因月经周期体温有所变化，从月经开始到排卵，这期间温度最低，从排卵到下次月经前体温最高，其间温度差一般在0.5℃以下。此外，饭后体温会稍微升高一点，当运动或劳动时能升高1℃以上，安静后又能恢复正常，同环境温度的变化幅度相比，体温可以说稳定到惊人的程度。

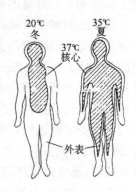

图4.8 体温在核心与外壳的分布

为了严格的控制核心温度，必须具有极其复杂的控制机构、单从热平衡来看，就需要使热的发生与散发保持平衡。

只要人们生活，体内就不断地消耗能量，这个量（能的消耗量）以热量单位卡路里（cal）或千卡（kcal）来表示，称作热消耗量或代谢量，这就是体内的产热量。最简便常用的测定方法是在一定的时间内，利用呼吸呼出的空气（呼气）量求出氧气（O_2）、二氧化碳（CO_2）的浓度，再同吸入的空气（吸气）量的O_2、CO_2的浓度进行比较，这就是在这一时间内的O_2消耗量和CO_2消耗量的测定方法。

在体内发生的能够利用的能量同在机械的情况一样，其结果是以作为燃料的营养物质经过氧化而得来的。因此从氧气的消耗量可以知道能量的消耗量。但是，由于利用的燃料（营养物质）种类：碳水化合物（糖类）、蛋白质、脂肪的不同，其消耗O_2的热当量和CO_2的发生量也不同。所以从测出的CO_2呼出量和O_2的消耗量的比率（称为呼吸比$R·Q$；$R·Q=CO_2/O_2$），可以知道三种热源的消耗比例，并可计算能量消耗量和代谢量。

代谢量因机体所处状态不同而有所差异，在空腹状态安静横卧时的代谢量，称为基础代谢量，普通体格的中年男子大约是60kcal/h。其中的1/4用作心脏及其他内脏的运动，1/4～1/3为骨骼肌的紧张所利用，剩余部分用于组织内部的氧化（代谢）所用。促使代谢量变化最大的因素是肌肉活动。

横卧时代谢量为60kcal/h；

安静的坐在椅子上时约为72kcal/h；

以普通速度步行时约为200kcal/h；

当跑步时代谢量则超过500kcal/h。

从基础代谢量增加情况来看，大多是由于骨骼肌的活动而增加的。但是在增加的部分当中，转化为工作用的机械能约占20%～25%，3/4变成了热。不过20%～25%的效率同机械相比，已经是相当优秀了。

对代谢量产生影响的第二个重要原因是环境温度条件。一般情况下，若气温低则产热量增加，若气温升高，则产热量降低，为了同散热取得平衡就需要改变代谢量。

第三个重要原因是饮食。因为消化、吸收食物要消耗能量，所以饭后代谢量要提高百分之几。

第四个原因是睡眠。因为在睡眠时骨骼肌的紧张度都放松，比基础代谢量约减少10%。

即便与上面所讨论的姿势和运动、温度、饮食等条件相同，由于体格和年龄关系其代谢量也有差别。如果体格魁梧，在同一状态下其所消耗的热量当然也比较大，对此以每公斤体重（kg）或者以每平方米身体表面积（m^2）进行换算，可以得出大体上一定的值，在讨论温度环境的热平衡时多半采用后者，以$kcal/m^2·h$为单位。就年龄来看，青少年代谢量较高，老人则较低。

下面讨论散热量。在普通气温条件下,散热的途径见表4.5,通过皮肤的传导、对流辐射散热占一大半,有七成以上;其次是通过皮肤的蒸发散热约占二成,剩余10%左右,是其他方式散热。就是说,从皮肤散发的热量占九成,所以受环境温度条件影响最大的是皮肤。该表还表示出环境温度对于辐射、对流、传导和蒸发的影响比例,的确温度升高时,蒸发的比例增大。

体外散热的分配　　　　　　　　　　　　　　　　　　　　表4.5

·常温状态散热的分配			
屎尿	48kcal/日		1.8%
呼气加温	84		3.5
肺蒸发	182		7.2
皮肤蒸发	364		14.2
皮肤传导辐射	1,792		73.0
计	2,470		100.0
·环境温度与散热的分配			
环境温度	辐射传导	蒸发	计
7℃	78.5kcal/h	7.9kcal/h	86.4kcal/h
15	55.3	7.7	63.0
20	45.3	10.6	55.9
25	41.3	13.2	54.5
30	33.2	23.0	56.2

不论是产热或散热,根据其平衡关系可归纳成下列关系式:

$$M = R + C + E \tag{4.1}$$

式中　M——代谢量(Metabclism);
　　　R——辐射(Radiation)散热量;
　　　C——对流(Convection)散热量;
　　　E——蒸发(Evaporation)散热量。

单位统一采取 $kcal/m^2 \cdot h$。

这里没有加入传导散热量,因为身体向空气的热传导只有很少一点,而被身体温暖了的空气会发生对流,在对流C中认为已包含了传导的因素。由于环境温度的变化,散热变化是很明显的。图4.9表示热交换与作用温度的关系,图中的热负债(S.原著用蓄热量Heat storage)在作用温度降低时随之而增大,这表示身体逐渐冷却起来。

将热负债考虑进去,公式(4.1)改变成:

$$M + S = R + C + E \tag{4.2}$$

由于运动和劳动使M增大,这时上式改变成:

$$M + S = R + C + E + W \tag{4.3}$$

式中　W——动作(运动、劳动)散热量。

上式的代谢量M,虽然用已经讨论过的方法能够测定,但是其他各项测定或推定起来是非常困难的。人的体格、体温、皮肤温、姿势、动作、发汗状态,由于受环境气温、湿度、气流、辐射的复杂影响,加上衣着状态、衣服质地、式样、种类的不同,所以散热条件也不同。

在环境温度条件中,影响最大的当然是气温,但是并不是唯有气温决定冷暖。首先湿度影响也是很大的,低湿度条件下汗易蒸发,而高湿度则排汗受到妨碍。气温在30℃条件下,湿度按30%、

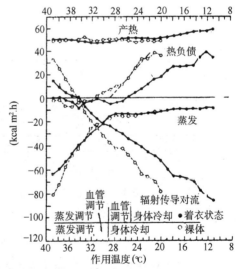

图4.9　环境温度与热交换

注:热负债S根据产热量(M)和因蒸发(E)、辐射传导对流($R+C$)而产生的散热量之间的热平衡来决定($M+S=E+R+C$)。S为正值时表示身体处于冷却状态,S为负值时表示处于加温状态。所说作用温度是考虑了气温、气流、辐射的一种温度条件的综合指标。气流如在0.15m/s以下,则气温与壁温的平均值大致相同。

50%逐渐上升,在感觉上大约会提高2℃。因此,特别是在夏天表现闷热的程度,采用湿球温度(WBT)比干球温度(DBT)更符合实际感觉。作为夏天的温度评价指标,还有个不舒适指数(Discomfort Index,DI)。在美国为了制定冷气供应标准曾进行过考察,将原来亚古洛氏(P.C.Yaglou)的实效温度(Effective Temperature,E.T)数式化,制定成公式:

$$DI=(DBT℉+WBT℉)×0.4+15 \qquad (4.4)$$

或者:

$$DI=(DBT℃+WBT℃)×0.72+40.6 \qquad (4.5)$$

能够直接读出不舒适指数的仪器在市场上已有出售。在美国不舒适指数达到75时,有一半人会感到不舒适,达到79时,全部人都感到不舒适。而在日本半数人感到不舒适的指数是77,全部感到不舒适时是85。图4.10表示日美两个民族之间的感觉差别,就日本人来说不舒适指数为72~73时,抱怨不舒适的人数最少,在此限以下又有所增加,不舒适指数降到65时,感觉不舒适的人达半数。

在不舒适指数当中没有考虑气流的影响,研究表明当有1m/s的气流存在时,不舒适指数可以降低7左右。一般来说,气流增大会促进对流和蒸发,增强凉爽感或寒冷感,当存在1m/s气流时,会感觉到气温似乎降低了2℃左右。作为气温、湿度、气流三者的综合指标,亚古洛氏制成了有效温度(实效温度、感觉温度ET)图(1923年)。在这里因为没有考虑辐射的影响,所以,以球形温度计的读数代替干球温度,湿球温度则采用从潮湿空气线图读出的数值,这些就被称作修正有效温度(CET)。自有效温度发表以来,一直广泛应用,有效温度对湿度影响估计过高,因此ASHRAE[①]1972年对此进行了修订,发表了新有效温度(ET*),见图4.11,使温度条件的四个因素(气温、湿度、气流、辐射)综合地参与对体温的调节或寒暑感觉的影响。

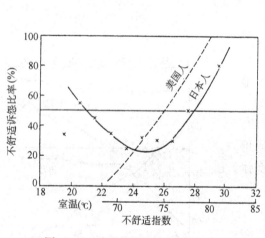

图4.10 夏季空调感觉不舒适者的比率和不舒适指数的关系

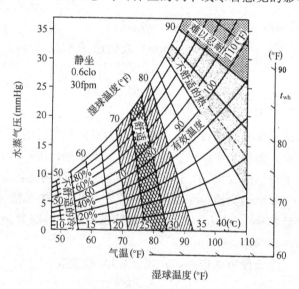

图4.11 新有效温度(ET*)

二、对寒暑的身体调整与适应

身体为适应环境温度条件的变化(冷或热),维持体温的原态稳定,必须增减产热量和散热量,以创造新的平衡状态。如果发生温度条件降低(即气温下降、湿度下降、气流增强、辐射降低。或者它们的综合作用)时,公式(4.2)的右侧因散热量增大,相应引起左侧S增大,身体趋向冷却,体温下降。为此,需要调整身体,首先是减少散热,进而增加代谢量,力求尽快恢复平衡。具体地说,就是降低皮肤温度,减少来自皮肤的传导,对流C、辐射R、蒸发E。进而促进肝脏等的代谢,提高肌肉的紧张度,这时由于身体的抖颤运动增加了产热量M,像这样对寒冷的身体调整称作对寒反应。

---

① ASHRAE=American Society of Heating Refrigerating and Aircanditoning Enginners 美国加热、冷冻、空气调节工程师协会——编者著。

根据实验研究结果在对寒反应中,男女比较,男的方面对寒反应和代谢性能都比较大。这种现象,在图4.12中表示得很清楚。不论夏天或冬天,男的方面其倾斜度都是比较陡的。在对寒反应中皮肤温度下降,代表着阻止散热,代谢增加表示产热量增加,在代谢量增加和阻止散热方面,男的比女的要强一些。

冬天与夏天相比,前者本来代谢量就多,再加上遇到寒冷敏感地使代谢量增加,在这种代谢适应中,内分泌系统(激素)担负着重要任务。正是从副肾分泌出的肾上腺素、糖质激素;甲状腺分泌出的甲状腺素;交感神经分泌出的新肾上腺素等协同工作,控制着代谢的增减。肾上腺素是动员作为能源的糖转化的一种激素;新肾上腺素是动员脂肪转化的一种激素;糖质激素是将蛋白质转化为糖分,补充糖分贮藏的激素;甲状腺素是促使这些能源消耗的激素。这些从秋天直到冬天的分泌,提高了代谢,准备了御寒,尤其是突然暴露在寒冷情况下,肾上腺素和新肾上腺素的分泌会迅速加强,在使血管收缩的同时,又增加了代谢。

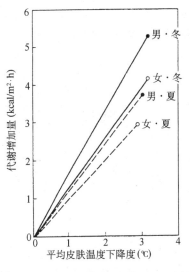

图4.12 在10℃房间停留1小时皮肤温度下降与代谢量增加的关系

对于寒冷的适应,人种因素也不能忽视,在寒冷地区人种因素十分明显。日本北海道大学伊藤名誉教授,对北海道的蝦夷族(Ainu)人、和族农民和学生群的对寒冷反应进行了比较研究,其结果发现蝦夷族在皮下注射等量的新肾上腺素,动员的脂肪量比较多,代谢量增加也比较大,而且在遇到寒冷时新肾上腺素的分泌量似乎也多一些。就是说,蝦夷族人遇到寒冷时会马上分泌新肾上腺素,而且作用于脂肪,促使产热的机能也比和族人要强。居于北极的爱斯基摩(Esquimaux)人懂得从食物中摄取大量脂肪,多吃肉食,同白种人相比其基础代谢机能明显比较高,因此遇到寒冷时代谢量增加很少。阿拉斯加的印地安人比爱斯基摩人的基础代谢量还高,暴露在寒冷中皮肤温度下降,也不需要增加产热就能耐寒。这种寒冷适应更典型的为从挪威北部狩猎的拉普(Lapps)人、南非的布西门族(Bushman)人到澳大利亚和新几内亚的土著民族都可以看到。南非的布西门族人居住在喀拉哈里(Kalahari)沙漠,冬天夜里气温降到10℃以下,他们几乎没有房子住,身上穿的衣服也很少,尽管这样,他们睡在地面或洞穴里连火也不生;皮肤温度降得相当低,代谢也不增加,体温降到35℃却不发生抖颤仍可安然入睡。据说有的布西门族人连皮肤温度也不降低。这说明了这些极端特殊的人种,其耐寒的体温调节中枢对寒反应的控制值比较低。这种特性的形成与其遗传、所处的成长环境和生活习惯有关。

人体对热的调整是对寒反应的逆向过程,也就是为增强散热抑制产热而发生的对热反应。由于皮肤血管扩张而使血流增加、皮肤温度上升,其结果增加了辐射、对流散热,进而出现发汗,由于蒸发又使散热加速。但是,由于蒸发而产生的散热,在眼睛看不到出汗的时候已在进行,将这种自汗腺不断地蒸发水分的现象,称作无感觉蒸泄。气温越高、皮肤温度越高,蒸发越迅速,也促进了无感觉蒸泄。据研究结果,普通体格的健康人,在普通气温下一天蒸发的水分约900g。气温接近30℃时,眼睛会看得见开始发汗,从皮肤毛孔渗出汗珠。不过被分泌出来的汗水,并非全部蒸发,有的流落,流落汗水的散热效果虽然不多也是有的。所以当炎热的夏天,穿着衬衣吸汗比裸露身体更有利于从表面蒸发散热。发汗的速度因季节而有差别。夏天比冬天发汗快,并且量也多。可是汗的浓度却相反,夏天比较淡薄。夏天的汗薄量多是有道理的,从散热角度来看比冬天要合理,说明是对季节的适应。这是由于夏天副交感神经系统机能亢进,下视丘发汗中枢的敏感度上升,而且由于激素系统作用使血液中水分增加而引起的。事实上,夏天血液中水分比较多,血液的比重降低,这也可以说是发汗的准备状态。对于炎热气候的适应在发汗机能上也会表现出来。日本人一到东南亚,遇到当地的炎热天气就立刻流汗,而当地居民在一般炎热条件下不怎么流汗,可是如果再热的话,当地人的流汗量远比日本人还多,而且汗的盐分浓度达到1/3左右。日本久野宁博士发现产生这种差别的原因是由于能动汗腺的数量不同。全身汗腺数约有200~450万个,个人间差别很大,而民族差别却很小。所不同的是,其中具有分泌能力汗腺——即能动汗腺的数量南部人数量比较多,而且开始发汗的温度也比较高,见表4.6,可以认为发汗中枢的控制温度必定高一些。这正好同对寒冷气候适应的布西门族人的中枢对寒反应控制值较低相似。

汗腺的分泌机能是在出生后 1～2 年之内发育成熟的，以后能动汗腺的数量就不再增加。所以在发育成熟的能动化时期没有接受到炎热刺激，以后就不会完全适应了。

诸人种的能动汗腺数　　　　　　　　　　　　　　　表 4.6

人 种	检查人数（人）	汗腺数（单位：千个）		
		最 小	最 大	平 均
虾夷族人	12	1,069	1,991	1,443
俄罗斯人	6	1,636	2,137	1,886
日本人	11	1,781	2,756	2,282
泰国人	9	1,742	3,121	2,422
菲律宾人	10	2,642	3,062	2,800

三、最佳温度条件

由于对寒暑的调整与适应，身心不可避免地要承受一些负担，而能够调整的温度范围也是很有限的。所以人们自古以来就利用住房、衣服和采暖来不断地想办法减轻体温调节的负担。在这个过程中，自然会探索最佳温度条件，前面叙述的亚古洛氏的有效温度图表从提出到现在已有半个世纪。此后，有许多人的研究报告说明，通过在办公室和工厂现场调查获得的最佳温度条件，与在人工气候实验室通过实验所获得的结果有很大的差别，我们先来看一看实验性研究。这里有两个途径，一个是通过多数被试者在实验室的控制温度条件下的主观感受进行判断的方法，亚古洛氏的有效温度就是根据这种方法制定的。此后，以这个作为尺度，由ASHVE①制定出舒适线图（Comfort chart）。它是在气流为 15～25ft/min（约 0.08～0.13m/s）的有效温度图上添进夏季与冬季的舒适率（被试者回答舒适的%）而得来的。将这张图表的夏季与冬季的舒适有效温度（及舒适范围）换算成摄氏温度分别为 21.7℃（18.9～23.9℃）、19.6℃（17.2～21.7℃）。ASHVE 进一步在考虑了辐射的情况下，提出应该使用修正有效温度的建议，从此以后，修正有效温度在建筑界长期地被应用。不过它仍然存在着一些缺点：其一，这个有效温度是人在不同控制温度下的两个房间中行走所进行的主观判断，人长时间在某种条件下停留时，感觉上会有变化；其二，一般认为湿度在低温时会偏大，高温时会偏小。由于使用有效温度（ET）还存在一些问题，所以 ASHRAE 对此进行改正并发表了新有效温度（ET*）。ET 与 ET* 的最大差别在于前者是以湿度为 100% 的干球温度（＝湿球温度）为基础绘出的等 ET 线，后者是以湿度为 50% 的干球温度为起点绘出的等 ET* 线，见图 4.11。这个图表是在静坐、衣着热阻值为 0.6 clo、气流为 0.15cm/s 条件下制作的。中间的网格部分显示出舒适范围，其 ET* 约为 23～27℃；夹着它的斜线部分是包含从"稍凉"到"稍热"的舒适界限，其 ET* 约为 21～29℃。比较而言，在 13℃ 以下人会感到"不舒适的寒冷，36℃ 以上会感到"不舒适的炎热"，41℃ 以上"难以忍耐"。图 4.13 称作新舒适线图，在图表的中部，实线包围部分是衣着热阻值为 0.6～0.8clo 的人在静坐条件下得出的舒适范围；斜线部分是衣着热阻值为 0.8～1.0clo 的人，在办公室工作时求得的舒适范围。后者是根据现场调查，而不是从实验求得的。

不论有效温度或新有效温度，都是以被试者主观评价为基础，以寻求获得相等温度感觉的气温、湿度、气流、辐射的综合结果，这可以称作对最舒适温度条件的概率性研究。另一个是在广阔的温度范围测定身体热平衡，从体温调节方面探求最佳（舒适）温度条件的方法。

康奈尔（Cornell）大学的 J.D. Hardy, E.F. Dubois 等的研究，采用呼吸热量计来测定室温 22℃ 向 35℃ 逐渐过渡条件下的男女被试者的热量收支，显示出裸体状态在 27～31℃ 时热收支处于中性域；在此域以下为寒冷域产热增加；在此域以上为温暖域，由于蒸发缘故引起散热增加。与此同时，C-E. A. Winslow, L.P. Herrington, A.P. Gagge, 等人在纽黑文（NewHayen）的 J.B. Pierce（皮尔斯）保健实验室（Laboratory of Hygiene）采用分割热量计进行研究，在提供作用温度（Operative temperature）的同时，对广阔范围的作用温度条件的裸体及着衣状态的热收支进行了测定。其结果认为在裸体条件下作用温度 29～31℃，着衣条件下 27～29℃ 时由于血管运动体温处于调节域，在此域以下身体处于冷却域，在此域以上处于蒸发调节域（图

---

① American Society of Heating and Ventilating Engineers 美国暖气通风工程师学会——编者注

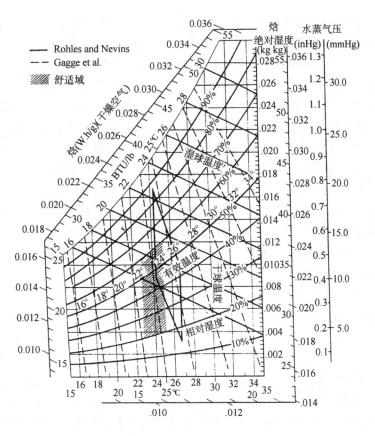

图 4.13 ASHRAE 的新舒适线图

4.9)。另外，根据这些研究还发现，在舒适温度条件下，不论裸体或着衣其平均皮肤温度接近 33℃ 时，热交换最少、不再发生发汗散热。尤其在作业（操作）时的舒适温度比安静时要低。显然，这个时候的平均皮肤温度也低于 33℃。对于这一点 P.O.Fanger 进行了更深入地详细研究，他通过实验求出了在舒适条件下作业强度和平均皮肤温度以及蒸发散热量之间的关系。

即舒适状态：

$$t_s = 35.7 - 0.276M \tag{4.6}$$

$$E_{sw} = 0.42(M - 58) \tag{4.7}$$

式中 t_s——平均皮肤温度（℃）；

M——身体表面积平均代谢量（W/m²）；

（1W/m² = 1.16kcal/m²·h）；

E_{sw}——发汗散热量（W/m²）。

根据上式，当安静坐位时（$M=58W/m^2$）舒适状态的平均皮肤温度约为 34℃；当代谢量提高到 3 倍（174W/m²）时，则变为 31℃。如果仍处安静状态，当蒸发散热量为 0 时感觉舒适的话，那末在代谢量为 3 倍的作业期间，便希望有约 50W/m² 的蒸发量。Fanger 将实验公式（4.6）和（4.7）代入身体热平衡理论公式提出了舒适方程式，利用电子计算机求解舒适温度条件并制出了许多图表，利用这些图表查到舒适状态，就能够求解气温、湿度、气流、辐射、作业强度和着衣数量的组合数据。

日本三浦氏就较宽的温度范围的坐态脑力劳动和站态体力劳动进行过实验研究，结论认为气流在 10cm/s 以下，湿度为 50%～60%，穿着普通衣服，脑力劳动以 25℃，体力劳动以 20℃ 左右感觉最舒适。磯田和堀越氏着重对气流和辐射进行实验，得出了不论是裸体或着衣，处在安静状态时，最舒适的平均皮肤温度为 34℃ 左右，并不因季节而发生变化。小川氏也获得了相同的结果。

由于操作和运动时代谢量增加，所以最佳温度理应该降低。根据小川氏的研究，着衣状态从事事务性工作的人，获得中性温冷感时的室温比安静（不工作）时低 1～2℃，这时的平均皮肤温度也低 0.5～1℃。但是，在安静时，同样在男女性别上和冬夏季节上没有显示差别。这个数据，三浦氏和Grlffiths氏的研究大体上是一致的。

由于操作运动，不同部位的皮肤温度会有所不同。在坐态事务性工作时，从肩部直到腕部，以及上、下台阶或登自行车功率计时，大腿部和躯干部等处的皮肤温度都比安静时有所上升；而手指尖等处反而降低。也就是说，肌肉活动旺盛，温度就会上升。可想而知，这又会把全身的温度感提高。

就已经介绍的实验结果来看，都看不出对最佳温度的性别差与季节差。不过从实际的办公室调查来看，夏天比冬天，女性比男性喜欢较高的室温。图4.14是对机械化办公室的问卷调查结果，夏天比冬天高出2℃，女性比男性高出1～2℃。在小林、南野氏的调查报告中也发现了同样的倾向，就年龄而言，老年人比年轻人怕冷，喜欢较高的温度，这不难理解。一般认为，这种差异是由于着衣和身体活动量（代谢量）的不同而引起的，而这种差异是很大的。正如已经讨论过的，当着衣条件与作业条件相同的时候，在获得中性温冷感的室温中，既没有性别差也没有季节差。图4.15是现场调查的衣服重量，从中明显看出男性比女性、中年人比青年人、冬天比夏天衣服厚些。图4.16是在供冷气期间对某大学的调查，其着衣量的不同成为男女温冷感差别的重要原因，这点在图上看得很清楚。但是，并不是所有性别差、年龄差、季节差都能用着衣量和代谢量的差别来说明。在与实验室条件不同的实际建筑物内，由于具体的场所不同，其气温、气流、辐射的差别是很大的，如若室内供热送冷，则和室外的差别就更大。人们在实际生活中，环境温度条件在不断地变化，身体的调整也在反复地进行。而在实际室内，条件处于稳定状态时，显现出没有性别差与季节差；而在实际生活中条件是非稳定的，是波动状态的反反复复，所以就显现出男女、年龄和季节差。女性比男性对温度变化，对凉爽和寒冷的感觉要敏锐些。年岁大的人比年轻人，不仅基础代谢量少，而且劳动量也小，所以喜欢较高的温度。随着季节而变化的最佳温度差，当然也会适应季节而变化（表4.7是最佳温度范围）。人们对季节温度的适应往往还有一个延伸期。如初春和秋末在室外气温相同的条件下，往往会感到初春寒意更浓，而秋末还有余热在身之感，这时着装，初春会更厚一些，而秋末会比初春着装薄许多，民俗所谓的"春捂秋冻"，则如实的表达了适应季节变化的着装规律，是季节适应延伸的反应。

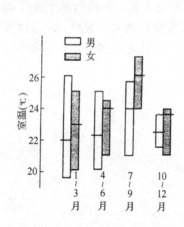

图4.14 机械化办公作业，从感到"稍凉"到"稍热"的不同季节的温度范围

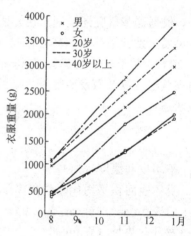

图4.15 性别、年龄别、季节别衣服重量

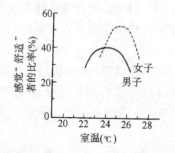
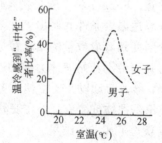
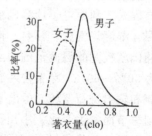

图4.16 夏季（供冷气）的温度感觉与衣服重量

		表4.7
最佳温度范围		

发 表 者	舒 适 范 围	备 注
ASHRAE标准（1974）	ET* 22.2～25.6℃ 气流 0.1～0.15m/s 相对湿度 20%～60%	坐椅办公作业（1.0～1.2mets） 着衣 0.6clo
FEA①指针（1976）	冬 20.0～21.1℃ 夏 $\begin{cases} 25.6～26.7℃ \\ 26.7～27.8℃ \end{cases}$	着衣 0.8～1.2clo 着衣 $\begin{cases} 0.1～0.5clo\ 办公作业 \\ 0.3clo\ 以下 \end{cases}$
Fanger（1972）	$t_a = t_{mrt} = 23.0℃$ RH 50%	气温＝平均辐射温度 通常西装
Houghten Yaglou（1924）	冬 ET 17.2～21.7℃ 夏 ET 18.9～23.9℃	
成濑哲生等（1975）	男 冬 ET* 22.7～24.6℃ 　　夏 ET* 22.4～26.7℃ 女 冬 ET* 22.8～24.9℃ 　　夏 ET* 24.3～26.3℃	着衣 1.15～1.64clo 着衣 0.82～1.04clo 着衣 1.06～1.57clo 着衣 0.48～0.53clo
三浦丰彦等（1968）	冬 20～22℃ 夏 25～28℃	
南野修等（1977）	23～25℃ 21～23℃ RH 40%～60%	着衣 0.4～0.6clo 着衣 0.8～1.0clo

①FEA＝Federal Energy Administration 联邦能源署［美国］——编者注

四、衣 服 气 候

到现在为止，我们已经讨论了着衣条件和人体的热平衡与温冷感的深刻关系。在人们着装的目的中，有保护身体，维持身体的清洁，帮助运动等实用性目的；也有礼仪、装扮（包装）身体的社会性目的。最初的首要目的是实用，无疑是为了防御寒冷保护身体，同时也有遮羞蔽体的目的。衣服和房屋都是用来缓和自然环境的严酷，为了调整和扩大人类生存适应范围而采取的人工技术措施。衣服在身体的周围造成一个温和的温度环境，形成与外界第一道隔离层，成为第一层环境条件，特别把这个温度条件称作衣服（内）气候。我们一般将衣服气候和房屋室内气候统称为二重人工环境，可以说是用来抵御来自自然环境侵袭的保护措施。

衣服气候作为人工环境来说，它是人体散热的必经途径，它与传导、对流、辐射、蒸发都有关系，对于寒冷来说也就是抑制其传导、对流和辐射；对于炎热来说促进其蒸发和对流，并防止来自外部的辐射。这样的保温能力和防热能力是纤维材料的物理性能、布料的物理性能、衣服的样式及穿着方式等综合性能的体现。其共同作用的结果，是使衣服下的皮肤表面保持舒适状态。图4.17表示由6位20多岁的女学生分别处于10～30℃的室温环境，穿着在该室温条件下认为恰好合适的衣服量所测得的衣服内温度。不论哪一种室温，接近皮肤的最内层温度为33～34℃时，就达到了舒适感的温度状态。图4.18是最内层的相对湿度，比外界湿度都低一些。这就是说，衣服的内层温度比室温高一些，衣服的内层湿度又比外界低一些，当然几乎是不存在气流的。不过，这种状态仅存在于躯干部位，四肢处的衣服气候则一直比较容易受到环境的影响。穿着裙装或宽松肥大的衣服，在四肢摆动时，都存在一定的对流（气流），人们会感觉凉爽舒适。在前节表示衣服的综合保温能力（热阻能力）时，采用了专用单位clo，这是A.P.Gagge氏首先采用的，其定义为：1clo是气温在70℉（21.2℃），湿度在50%以下，气流为20ft/min（0.1m/s）的房间里，处于安静状态的被试者感到舒适，并且能够维持平均皮肤温度33℃时的衣服保温能力。这时被试者的代谢量为50kcal/m²h，通过衣服散热量占76%，也就是38kcal/m²·h。这样一来，衣服与空气的合计热阻值则为(33−21)/38＝0.32℃/kcal/m²·h，利用上述条件可以计算出空气的热阻为0.14℃/kcal/m²·h，衣服的1clo相当于热阻值为0.32−0.14＝0.18℃/kcal/m²·h。

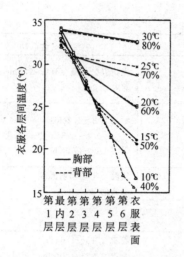

图 4.17 环境温、湿度与衣服各层间温度　　　　图 4.18 环境温、湿度与衣服最内层湿度

衣服在穿着时的保温能力（clo）值就等于制成衣服所用材料的保温能力（I_{cl}）和周围空气的保温能力（I_a）之和。还可以用衣服内外的温度差同通过衣服辐射散热量 R 加上对流，传导散热量 C 之比来求得。

即：

$$I_{cl}+I_a=(t_s-t_a)\cdot A/(R+C)\times 0.18 \tag{4.8}$$

将 $(R+C)$ 用（4.1）式 $M-E+S$ 来代替

则：

$$I_{cl}+I_a=5.55(t_s-t_a)\cdot A/(M-E+S) \tag{4.9}$$

假若进行测定，可用下式：

$$I_{cl}=\frac{5.55(t_s-t_a)\cdot A}{M-0.58\Delta W+0.83W(2\Delta t_r+\Delta t_s)/3}-I_a\text{（clo）} \tag{4.10}$$

式中　t_s——平均皮肤温度（℃）；

t_a——气温（℃）；

A——身体表面积（m²）；

M——代谢（产热）量（kcal/h）；

0.58——水的蒸发潜热（kcal/g）；

ΔW——体重减轻量（看作水分蒸发量）（g/h）；

0.83——人体的比热（cal/℃·g=kcal/℃·kg）；

W——体重（kg）；

Δt_r——直肠温度 t_r 的下降度（℃/h）；

Δt_s——平均皮肤温度 t_s 的下降度（℃/h）。

I_a 为气温随气流而变化，可用 A.C.Burton 的下式求出：

$$I_a=\frac{1}{0.61\left(\frac{460+t'_a}{537}\right)^3+0.135\sqrt{\frac{V+537}{460+t'_a}}}\text{（clo）} \tag{4.11}$$

式中　t'_a——环境气温（F）；

V——气流（ft/min）。

应用公式（4.10）、（4.11）结合实验，被试者衣服的保温能力是可以求出来的，也可以利用内部输入热源的金属人体模特进行测定。不过，不管怎样都是很麻烦的。于是 Negins 氏发表了各种衣服的 clo 值（见表4.8），提供了全身着装 clo 值的计算方法，将从表中查出的穿着衣类的各种 clo 值相加便可求得。从相加值 I_{total} 求解穿着时的保温能力 I_{clo} 时，应用下式很方便。

$$I_{clo}=I_{total}\times 3/4+1/10 \text{（男子）} \tag{4.12}$$
$$I_{clo}=I_{total}\times 4/5+1/20 \text{（女子）} \tag{4.13}$$

衣服与 clo 值　　　　　　表 4.8

男子用			女子用		
衣服名称	重量（g）	clo 值	衣服名称	重量（g）	clo 值
西服上衣（薄）	567	0.35	礼服（薄、带裹子）	150	0.17
西服上衣（厚）	848	0.49	礼服（厚）	1180	0.63
长袖衬衫	201	0.29	长袖罩衫（薄）	85	0.20
半袖衬衫	167	0.19	长袖罩衫（厚）	167	0.29
长袖针织线衣（薄）	196	0.24	半袖罩衫（薄）	88	0.17
长袖针织线衣（厚）	301	0.37	西装短上衣（薄）	510	0.31
半袖针织线衣（薄）	201	0.22	西装短上衣（厚）	709	0.43
半袖针织线衣（厚）	293	0.26	无袖毛衣（薄）	173	0.17
裤子（薄）	332	0.26	长袖毛衣（厚）	301	0.37
裤子（厚）	513	0.32	背心、马甲（薄）	193	0.20
背心、运动衫	85	0.08	披肩、围巾（薄）	227	0.30
半袖汗衫	99	0.09	女裤（薄）	162	0.26
短裤、裤衩	57	0.06	女裤（厚）	621	0.44
短袜（薄）	57	0.03	裙子（厚、带裹子）	422	0.22
短袜（厚）	113	0.04	长衬裙		0.19
矮腰鞋	459	0.04	乳罩与女三角裤衩		0.04
大衣（尼龙、棉）	454～510	0.05	带裤衩长筒袜		0.01
			腰带（厚）	133	0.06
			束腰围衬		0.04
			鞋	284	0.03
			大衣（尼龙、棉）	454～510	0.55

表 4.9 表示通常着衣状态时的保温能力。图 4.19 是 Fanger 的舒适线图之一，表示当气流为 0.1m/s 以下，湿度为 50% 的时候，获得舒适感的室温与衣服 clo 值的关系。图中作业强度单位为 met，1met＝50 kcal/m² · h，各种作业的 met 值见表 4.10。

着衣状态与 clo 值　　　　　　表 4.9

着衣	clo
裸体	0
比基尼式游泳衣	0.05
短裤	0.1
通常热带装（短裤、半袖敞领衬衫、薄内衣）	0.3
轻型夏装（薄裤、半袖敞领衬衫、薄内衣）	0.5
轻型热带套服、连衣裤、连衣裙	0.8
典型西装	1.0
传统重型北欧式西装、西装背心、长袖内衣、长衬裤	1.5
两极地带的服装	3～4

典型动作的产热量　　　　　　　　　　　表 4.10

动　作	met
睡眠	0.8
坐椅	1.0
打字	1.2
站立	1.4
商店、实验室、厨房等地一般性站立作业	1.6~2
慢速步行（3km/h）	2
一般步行（5km/h）	2.6
快速步行（7km/h）	4
普通的木工、瓦工作业	3
跑步（10km/h）	8

【例1】 工作人员穿着特种工作服，在气温12℃条件下，从事作业强度为1.6met的肉类包装工作，确定工作服的必需的clo值，从图上看到为1.8clo。

【例2】 手术室的外科医生，着衣状态为0.9clo，正在从事作业强度为1.4met的工作，求在采暖方面的舒适的环境温度（气温与平均辐射温度相等）。从图上看到 t_a = 20.5℃。

【例3】 在与例2相同的手术室里，手术小组的成员在进行低作业强度（1.2met）的工作，要创造温热的舒适状态，他们的标准服装的clo值该是多少。从图上看出为1.15clo。

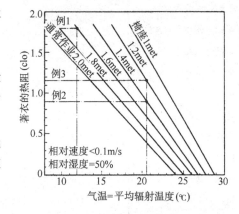

图 4.19　气温与衣服综合作用下的舒适线图（参数为作业强度）

五、供暖与送冷

从人体的调整与适应的观点来考察供暖与送冷问题。供暖时，首要问题是保证室温，在实验性研究中认为最舒适的温度与季节差没有关系，换句话说最舒适的温度不因季节而变化。但是考虑到因着衣状态有季节差、室内外温度差以及对寒冷的适应能力，应考虑按照已经明确的大致目标，使室内供热温度超过一些，这样才能保证室温。因为实际上存在个人差、衣服差、作业差，要使在室者全都感到满意的温度是不太可能有的，所以在确定了大多数人能够满意的室温以后，就应该期待于个人衣服的调节。

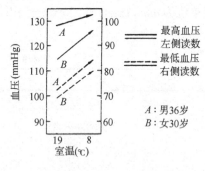

图 4.20　自19℃房间移到8℃房间血压的变化

确立室温后的下一步问题，是温度条件的分布。由于室温的自然现象，从地面到顶棚在竖向上，不同的部位差异是很大的。因此，对于气流方向和强度的监测与管理是个很重要的课题。而温度差在房间与房间之间也存在，房间与走廊之间也不一样，这就会产生生理性负担。在2DK（2—卧室数；D—餐室；K—厨房）住宅中，若其只有一间卧室供暖时，与相邻的门厅、厕所、浴室等的温度差可达10℃以上。在这种条件下，30多岁的年轻夫妇，从供暖的19℃卧室到厕所、门厅去，仅仅挪动一下，血压就会上升10mmHg以上，见图4.20。以前在日本，一般家庭浴池需自行烧热水，浴池水热后浴室温度可达14℃，在这里脱衣时据测定血压上升了14mmHg。对年轻人尚且会影响到血压，所以对患有动脉硬化疾患的老年人，在厕所等地曾发生过脑出血的病例，并不难理解。据此情况，在厕所、浴室、更衣间采用局部供暖是完全必要的，特别是对老年人生活的老年住宅，尤应强调这一点。

供暖的同时会影响到室内的湿度。冬季本来空气就比较干燥，由于供暖会更加干燥。这时，含有病毒的呼气中的水滴和粉尘容易飞散，造成感染。特别是流感病毒，在低温条件下生存率是比较高的。一方面因鼻腔和咽喉粘膜由于呼吸户外冷空气，使血管收缩，血流受阻，粘膜肿胀，引起抗病毒能力减弱；另一方面由于空气干燥，粘膜也干燥，很容易受损伤。因此，不论病原体或人体感染途径都因为寒冷和空气干燥，使呼吸器官处于容易受感染状态，患病机会较多。

室内供暖的热源位置，应注意均衡分布，一方面力争充分发挥热效应，同时注意在空间和时间上的均衡。近来一些家庭装修常将暴露的供暖的暖气片封闭隐蔽起来，这对发挥热效方面是不利的。适当的保护以免烫伤是必要的，但不能为了美观而完全封闭，使供暖减效。

夏季送冷与供暖时相反，供暖时宁愿超过一些，而不要不足；送冷时则宁愿不足，而不要使室温下降过低。本来人们为了适应季节，夏季衣服穿的比较单薄，室温过低过冷会感到不舒服。室温的控制目标若已明确，还要适当控制室温与户外温度差，避免温差过大。在极端情况下，由于室内外温差过大，入室时会感到突然寒冷出室时又会感到突然炎热，这对年岁大的人可能会引发循环不周疾患。一般室内外温差应该控制在5℃以内，最多也不应超过7℃。其次要注意的是气流问题。由空调的出风口或室内冷气设备的出风口直接送风时，在2m距离内的风速达1m/s左右，而且送出冷气的温度只有15～17℃，所以在出风口处会因过强的冷风直吹而感到过冷。在地面靠近墙边处气流也多会加快，这种气流的不均匀性，都会产生一部分过冷，而其他部分又会感受不到舒适的凉爽。因而由于过冷的低温和不均匀的气流常常会引起对送冷的抱怨，这种抱怨标志着冷气障碍。表4.11是某银行职员的冷气障碍调查。表内呈现的全身性或局部性懒倦、疼痛就是因为血管收缩，血流障碍引起的。这些症状进一步恶化则会发生神经痛、风湿痛、妇女生理障碍等等。对冷气的抱怨和有关症状反映，经常是妇女方面比男人要多一些。这是因为妇女对温度变化比较敏感，因此应该积极鼓励妇女经常调节衣服，以便降低或克服冷气障碍。所以，一些在办公室工作的妇女，身边常备用一些可供随时增减的衣服。对冷气的机体调整与适应失败，同人们所处的环境条件频繁变化有关。一般来说在办公大楼、公共场所冷气设备条件比较优越，而住宅以及交通车辆冷气普及面则较差较晚。同时因为送冷气（办公大楼）改变了白天气温高夜间气温低的自然温度节奏，使人们难以适应，从而导致适应失败。最后还要指出，身体对低温的反应比对高温要敏感，要大一些。譬如，人们在10℃左右的低温条件下，代谢量容易增加，血液里和尿里的副肾激素也易增加，可见下垂体—副肾系统的机能受到了刺激，即是说，可以显示对寒冷的应变能力。可是，在炎热的情况下，在没有达到发生中暑的高温高湿以前，应变症状就得不到证明，总之，送冷气比供暖气在机体调整与适应上更容易发生应变障碍。

(1) **某银行冷气障碍的诉怨调查** 表4.11

		头痛	头沉	全身懒倦	脚懒倦	手懒倦	脚痛	手痛	关节痛	容易腹病	容易泻肚	食欲不振	喉痛	容易感冒	其他
T支店（中央式）	男	0	1	4	4	0	0	1	1	0	0	2	3	4	1
	女	9	4	11	11	2	2	1	5	6	4	4	8	5	1
K支店（Package）	男	0	9	9	8	3	1	1	2	4	7	4	3	7	2
	女	3	11	15	16	3	0	0	2	4	2	2	2	5	1
合计		12	25	39	39	8	3	3	10	14	13	12	16	21	5

(2)

	有障碍		无障碍	
	男	女	男	女
T支店	15	23	14	2
K支店	24	25	12	3
合计	39	48	26	5

第三节 光 环 境

一、光

我们已经讨论了视觉机制，也了解了客观环境刺激与人们主观感觉之间的相互关系，客观环境是个五彩缤纷形态各异的大千世界，那么是否具备了主观感觉机能和客观环境刺激就能够形成或建立起刺激与反应关系呢？其实不然，这其中正存在一个桥梁，就是光。只有在客观环境存在光，人们才能借助于光照看清色彩，看清形态，看清客观世界的一切。所以光是视觉功能所不可缺少的中间媒介，是人们认识世界的必要前提。不难想像，如果我们生存的世界没有光，那将会发生什么情况？

自然界中绝大多数发光体，归根结底都是一种燃烧现象，不论太阳光，雷鸣闪电光、电灯光、烛光，都是在燃烧过程中发光，同时也产生热，光和热是统一于一源的。但是人们利用时，有时利用其光，有时利用其热，这同人们所处的环境、季节有关。如在北方寒冷地区的冬季，人们非常希望阳光充沛，同时又能借助太阳热能提高室内气温；而在炎热的南方，则仅要求阳光，而希望避开热流热浪。

我们所讨论的自然光，即阳光是以电磁波的形式传播的，能为人眼感觉到的光的波长范围为380～780nm（1nm=10^{-9}m）；长于780nm的光为红外线、无线电波等，短于380nm的光为紫外线、X射线等，这些光人眼感觉不到。

光既是视觉获取外界信息的媒介，又是直接接触的辐射能量。

我们知道人类获取外界信息80％～90％是通过视觉来完成的，而视觉接受外界信息，必须具备一定的光环境条件。人的眼睛中的锥体细胞与杆体细胞、分别在不同等级的明暗环境中才能正常发挥作用。锥体细胞具有辨色能力，但是必须具备明亮的环境条件，大约要有$1.0cd/m^2$以上的亮度才可以，低于这个标准就难以准确的判断色彩；杆体细胞具有在暗处辨别有无物体的能力，在亮度较低，达到$0.01cd/m^2$以下时完全依靠杆体细胞发挥作用，这就是所谓暗视觉。亮度从$1.0cd/m^2$到$0.01cd/m^2$是一个渐变的过程，当临近傍晚时观赏花丛，从色彩模糊到昏黑一片这段光亮感觉的变化，就恰好表现出亮度变化。

生活中人们除直接接触阳光之外，更多的接触各种形式的电灯光，在一些偏僻的边远山区也还有烛光或以柴油、煤油为燃料的油灯光。在一些娱乐场所，为了造成某种昏暗朦胧气氛偶尔也采用烛光照明或者仿烛光式电灯照明。由于光源不同，其亮度效果差别很大。

亮度的常用单位为cd/m^2（坎德拉/平方米），也称nt（尼脱）。它等于在$1m^2$表面上，沿法线方向（$\alpha=0°$）发出1cd的发光亮度，

即： $$1nt=\frac{1cd}{1m^2}; \quad 1nt=1cd/m^2。$$

有时采用较大单位sb（熙提），它表示$1cm^2$面积上发出1cd时的亮度单位，

即： $$1sb=10^4 nt。$$

常见的一些物体亮度值：

白炽灯灯丝	300～500sb
荧光灯管表面	0.8～0.9sb
太阳	20万sb
无云蓝天（视与太阳距离不同，其亮度也不同）	0.2～2.0sb

与人们生活最密切，也是设计者最关心的亮度，是指被照物体或工作面上人们感受到的亮度（也称为辉度）。

而对被照物体或工作面而言，人们常用落在其单位面积上的光通量多少的数值来衡量，这就是该被照面被照射的程度，称之为照度。

常用下式表达照度：

$$E=\frac{F}{S} \quad (lx) \tag{4.14}$$

式中 E——照度，单位lx（勒）；
F——光通量，单位lm（流明）；
S——被照面表面积，单位m^2。

$$1lx=\frac{1lm}{1m^2}$$

照度的大小，首先决定于发光体的发光强度，发光强度常用 I 来表示。

$$I = \frac{F}{\omega} \quad (\text{cd}) \tag{4.15}$$

式中　I——发光强度，单位 cd（坎）；
　　　F——光通量；
　　　ω——面对光源的立体角单位为球面度（sr）。

$$\omega = \frac{S}{r^2} \quad (\text{sr}), \tag{4.16}$$

发光强度单位为坎德拉（简称"坎"）符号为 cd，它表示在 1sr 球面度立体角内，均匀发出 1lm 的光通量。

即：$1\text{cd} = \frac{1\text{lm}}{1\text{sr}}$

照度大小，不仅决定于发光强度，还同光源距被照面的距离有关，距离越近照度越强，距离越远照度越弱。

照度大小，还同被照面与光源所形成的角度有关，被照面直接对着光源与光源发射出的"光线"形成直角时，照度最强，倾角越大照度越弱。

将上述（4.14）、（4.15）、（4.16）三式整理，$E = \frac{F}{S}$；$I = \frac{F}{\omega}$；$\omega = \frac{S}{r^2}$；整理后成为：

$$E = \frac{I}{r^2} \quad (\text{lx}) \tag{4.17}$$

式中　r——光源距被照面的距离。

被照面与光源形成一定的倾角时，则：

$$E = \frac{I}{r^2} \cdot \cos\alpha \quad (\text{lx}) \tag{4.18}$$

式中　α——光源射线与被照面法线的夹角。

（4.18）式完整的表述了照度与发光强度的关系；照度与发光强度成正比，与余弦角 α 成正比，与距光源距离平方成反比。

被照面表面亮度可以用 L 来表示：

$$L = \frac{I}{S\cos\alpha} \quad (\text{cd/m}^2) \tag{4.19}$$

式中　L——被照体表面亮度（cd/m²）；
　　　I——被照体在视线方向上的发光强度（cd）；
　　　S——被照体发光面积（m²）；
　　　α——被照体发光面与视线方向形成的角度。

发光强度与照度属于物理特性，而被照面亮度是人们视觉感受到的亮度，与前者具有一致的倾向，发光强度越大，亮度随之也越大；但是这里忽略了人们自身视觉因素以及其他一些因素。譬如在房间内同一位置同一方向并列放置黑白两个物体，虽然他们所受到的照度相同，但是在观察者眼中所引起的视觉亮度却完全不同，看起来白色物体要亮得多。就客观而言，同被照体的材料色彩反光性能有关，就主观而言，同观察者的视力、视距、视角有关。

二、光　环　境

利用阳光永远都应是室内环境的首选，阳光最廉价，只要能合理的引入室内就可以不需要任何设备。但是，现代生活越来越复杂，常常要求用人工照明加以补充，甚至完全用人工照明代替天然采光。

大空间的办公室或生产车间，靠侧窗采光难以满足房屋深处的照度要求，这就要采用灯光来补充阳光之不足，特别是在地下空间，地下商业街、地下铁道等阳光无法引入的空间就必须借助人工光来解决照明问题。图 4.21 为天然采光与人工照明相结合的光环境构成，这是一般家庭普遍的实用照明方式。

天然采光，因季节、所处地域及云量多少，变化很大。由于地球与太阳相距甚远，可以认为太阳光是平行地照射到地球上。太阳光穿过大气层,一部分直接照射到地球,这部分称为直射光;另一部分碰到大气层中的空气分子、灰尘、水蒸汽等微粒,产生多次反射,形成天空扩散光,全云天时只有天空扩散光。晴天,室外天然光由太阳直射光与天空扩散光两部分组成。他们的变化决定于天空云量的多少和厚薄,以及是否直接遮住太阳。直射光在总照度中的比例随云量的增加而减少,无云天时约为90%,全云天则为零。天空扩散光正好相反,在总照度中的比例由无云天的10%,到全云天的100%。天空扩散光不会产生阴影;而太阳直射光则会产生强弱不等的阴影。

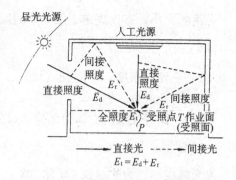

图4.21 直接照度与间接照度

晴天,是指天空无云或很少云(云量为0~3级),云量划分为0~10级,他表示天空总面积被划分为10等份。其中被云遮住的份数,就是云量。

全云天,是天空全部为云所遮盖,完全看不到太阳,室外没有直射阳光,也无阴影。

扩散光的强弱一方面标志云量云层的厚薄,同时也表现出空气的清新污染状态。

上述室外天然光的状态透过窗口直接进入室内,就构成了室内天然采光。很显然天然采光是不稳定的,是随着室外天然光的变化而变化的。但是无论如何,天然光仍然是室内采光的基础,人们在从事室内设计时必须充分利用天然光的无限资源,为人类造福,给人们提供比较理想、比较满意的光环境。

一般建筑物,不论平房、多层或高层,其室内天然采光,主要是靠侧窗,即在侧墙上留出洞口,使天然光进入室内,成为室内照明的基本因素。侧窗可以是房间的一侧或几侧开口而形成的采光口,是最常见的采光形式。

侧窗,根据室内采光或光环境设计的需要,一般窗台设置于0.80~1.00m高处,也有提高到2.00m以上,形成高侧窗;或者直接落地成为落地窗。侧窗的窗口形式,可以是矩形,可以是方形,甚至其他异形窗。由于窗口大小不同,形式不同,会直接影响室内采光效果。就采光量来说,采光口面积相等,窗底标高一致时,正方形窗口采光量最高;竖长方形次之;横长方形最少。从光照均匀性来看,竖向矩形窗在房间进深方向均匀性好,横向矩形窗在房间开间方向比较均匀;而方形窗居中。对于层高较高,而房间窄而深时,宜选用竖向矩形窗;相反层高较低,宽而浅的房间宜选用横向扁窗。窗形不同,位置高低不同直接影响光照的均匀性,影响房间横向采光均匀性的主要因素是窗间墙。窗间墙越宽,横向均匀性越差,特别是靠近外墙处,明暗变化十分突出(图4.22)。

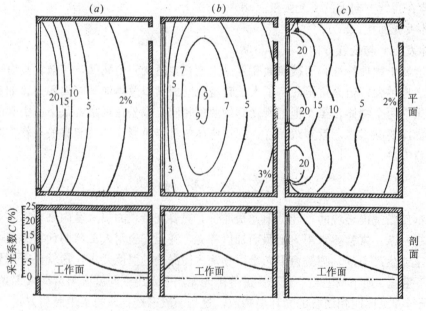

图4.22 窗口的不同位置对室内采光的影响

临窗部分光照比较强，而远离外窗的深处，或进深较大的接近内墙处，则光照较弱，形成暗区，这种采光的不均匀性，仅靠天然采光是难以克服的。因此可以借助于合理布设的人工灯光照明，来补充天然光的不足，达到比较均匀的光照效果，创造理想的光环境。

从光环境需要来看，不仅要求光线均匀，还应避免过强、过弱、反差过大的眩光，光线宜柔和含蓄、而且应稳定，不宜频繁变化。因此人工照明的地位不断上升，不仅解决照明亮度需求，经常通过人工照明创造富有情趣的光环境。

人工照明可以按设计意图布设灯位，选择灯型，控制照度，达到预期效果。对于照明灯具的布设方式，灯具自身的使用措施，每一个细节都直接影响到照度和照明效果。一只40W白炽灯泡，在其悬吊的正下方具有约30cd的发光强度。而在灯具的正上方，由于有灯头和灯座的遮挡，没有光射出，该方向的发光强度则为零。如果在灯座处加装一个不透明的搪瓷伞形灯罩，向上的光通量除少数被吸收外，其余都被伞罩阻挡向下反射，因此向下的光通量得以增加，而伞罩下方立体角未变，使光通量的空间密度加大，发光强度由30cd增加到73cd。

再将灯具的照明效果与照度联系起来看，在40W白炽灯下1m高（距离）处的照度约为30lx；加一搪瓷伞形灯罩后照度就增加到73lx。在这里灯具下1m处，恰巧是立体角（$\omega=s/r^2$），$r=1$的位置，使发光强度与照度有相应的变化规律。

照度是可以用仪器直接来测定的，阴天中午室外照度为8000~20000lx；晴天中午在阳光下的室外照度可高达80000~120000lx。之所以有如此宽阔的变化，主要决定于空中云量的厚薄和空气透明度的高低，从这里也可看出空气的污染洁净程度。

室外照度的变化幅度，直接影响室内照度变化的均匀性，从这里看出人工照明对室内照度补充的必要性和实用意义。

人工照明的意义：

首先是补充天然采光之不足。有些空间或者在一些空间的深处，天然采光无法达到，这就只能依赖人工灯光实现照明，主要是采用各种形态的电气照明灯具。

第二，天然采光受自然环境条件变化的影响较大，非常不稳定，特别是夜间无法利用天然采光。这就不仅是对天然采光的补充，而是完全的取代，完全依赖人工照明。

第三，人工照明是可控照明，完全可以按人们的意愿去设计布设灯具，控制照度，收到理想均匀的照明效果。

第四，人工照明在某些公共建筑领域，其主要目的已不局限于"照明"而是通过灯光创造某种特殊的光环境效果。譬如公共建筑的共享大厅、会客厅、歌舞厅、会议厅等，已将照明、光环境设计和空间艺术效果融为一体，成为现代室内设计的重要组成部分。

照明质量：

灯光照明并非随意布置就可满足质量要求的，必须经科学的分析和计算，甚至经过模拟试验取得可靠的依据，才能运用于实际光环境设计。

照明质量和灯具选择直接影响光环境，照明质量由照明水平、照明均匀度、亮度分布、光的方向性、是否有眩光以及显色性等诸多因素决定，并且用视觉效能和视觉舒适感进行评价的照明技术指标，其中人们的主观视觉评价居于主导地位。

照明水平是指工作面上的照度值，由视觉工作条件决定，各个国家的照明标准都有明确的规定。表4.12为民用建筑各类房间照明照度推荐值。

室内照明还应具有良好的均匀度，即在给定的工作面上的最低照度与室内平均照度之比，不要过于悬殊，越接近平均值，其均匀度越好。通常使用的平均照度有水平工作面上的平均平面照度和空间的平均柱面照度。

民用建筑各类房间照明照度推荐值

表 4.12

照度(lx)	居住建筑		科教办公建筑			医疗建筑		商业建筑		影剧院、礼堂建筑	
5	厕所盥洗室	—	厕所盥洗室楼梯间	—	—	厕所、盥洗室、楼梯间	监护病房夜间守护照明	厕所、更衣室、热水间	—	—	—
10							污物处理间、更衣室、走道	楼梯间、冷库、散座(浴池)、库房		厕所、楼梯间走道	
15		卧室、婴儿哺乳室		走道小门厅							
20	起居室、餐室厨房		食堂、厨房、科研机构空调机室调压室			病房、健身房	太平间	浴池、一般旅馆客房、售票处、照相馆营业厅	—	倒片室	
30	单身宿舍、活动室、医务室	—	大门厅、图书馆书库	校办工厂(非专业化一般加工车间)		动物室、血库、保健室、病案室		大门厅、副食店、厨房制作间、小吃店		放映室、电梯厅、衣帽厅	
50	—		录像编辑外台接收			化疗室、理疗室、扫描室、麻醉室、候诊室	解剖室、化验室、药房、诊室、门诊、挂号、办公室	大餐厅修理商店、菜市场、洗染店	百货商店、书店、服装商店等大售货厅	转播室、化妆室、观众厅、录音室	
75			办公室、会议室	教室、实验室、教研室、阅览室、报告厅、色谱室、电镜室		加速器治疗室、手术室、电子计算机X射线扫描室		银行出纳厅、邮电局营业厅、理发室		美工室、排练厅休息厅会议厅	
100			磁带磁盘间、穿孔间、设计室、绘图室、打字室	电子计算机房、室内体育馆(无体育专业院校)				字画店		报告厅接待厅小宴会厅大门厅	
150											
200											
300								大宴会厅		大会堂国际会议厅	
500				—		—	—	—		—	

光照是否均匀，和亮度分布直接相关。通常人们观察对象物注意的中心是视野内最亮的部分，这部分最亮，具有夺目性。若希望在视野环境中获得较宽阔的全部信息，则视野内最亮的部分与其周围最暗的部分的亮度比应小于 $10^4:1$。为了使物体外观稳定，变化最小，其亮度比应控制 10:1 以上。视野内各部分的亮度比宜为：

视觉作业和工作面之间的最大亮度比为 3:1；

视觉作业和周围环境之间的最大亮度比为 10:1；

光源和背景之间的最大亮度比为 20:1；

视野中的最大亮度比为 40:1。

在光环境设计中常常利用光的方向特性，使定向光线与漫射光线同时照射到物体上可产生更为突出的立体效果。在摄影活动中常常兼用定向光与背景光，就是为了显示更好的立体造型。另一方面还可以根据需要调整光源方向，突显某些特征或掩盖某些疵病。

现代光环境设计十分注意光的显色性。同一颜色的物体，在不同光谱组成的照明光源照射下，可显现出不同的颜色，这种现象称为光源的显色性。光的显色性的选择是按人们的心理需求来决定的，特别是在舞台、电视演播厅的设计或陈列展览橱窗的设计，显色性的应用十分普遍，表 4.13 为显色性光效的心理感觉。在照明设计中必须十分注意照明光色与物体表面色的关系，不同光源按其颜色感观效果可分为三组，表 4.13 (a) 表示各组相对应的相关色温。

光源（灯）的颜色外观效果

表 4.13 (a)

相关色温	颜色外观效果
>5000K	冷
3300～5000K	中间
<3300K	暖

光源的显色效果与照度水平有关。实验证明，在低照度时，往往用低色温光源（如白炽灯）较好；随照度的增加，光源的色温也应提高。表4.13(b)说明观察者在不同照度下，对光的不同颜色外观效果的综合印象。

不同照度下光的颜色效果与感觉 表4.13(b)

照度（lx）	光的颜色外观效果		
	暖	中间	冷
≤500	舒适	中等	冷
500～1000	↕	↕	↕
1000～2000	刺激	舒适	中等
2000～3000	↕	↕	↕
≥3000	不自然	刺激	舒适

表4.13(c)说明光源显色性分组，即显色指数范围及其外观感受和实际应用。

光源显色性分组及适用范围 表4.13(c)

显色性分组	显色指数范围	颜色外观	用途举例
1	$R_a \geq 85$	冷 中间 暖	纺织、油漆、印刷厂 商店、医院 住宅、旅馆、餐厅
2	$70 \leq R_a \leq 85$	冷 中间 暖	办公室、学校 精密工业
3	$R_a<70$，但具有对一般工作室内部能接受的显色特性	—	对于显色性并不非常重要的房间
s（特殊）	具有异常显色性的灯	—	特殊用途

灯具造型在室内设计中受到普遍的注意，灯具不仅影响照明效果，同时也是室内空间艺术构成的重要因素，灯具造型和灯具布设是室内设计的重要内容。常常要花费很大的精力去选择或设计灯具，有时分散布设，有时集中；有时明装，有时暗设；有时突出灯具，有时隐藏；室内设计师应用不同的方法进行室内照明灯具及布设的设计，将照度、光环境与室内艺术造型融为一体。

这些不同的室内环境，其功能要求是不同的，因而其照明灯具的设计也不相同。如办公室、学校、商店、报告厅往往突出照度要求，强调照度的均匀性和照度水平，大多采用均布设置灯具，或明装或暗藏；而在家庭、旅馆客房，则强调定点定向照明（彩图4.23）；而在共享空间、宴会厅、交谊厅、会客厅，则多突显灯具，将灯具做为空间的视觉焦点来设计，参阅彩图4.24。至于舞厅、演播厅则是另一种特殊的光环境设计，在这里强调的是光环境效果，采用的是特殊灯具，人们不是欣赏灯具造型，而是要求灯具的技术性能的充分发挥；也不要求适度的均匀性，而强调灯光的节奏和韵律。

不论光环境设计与灯具的选择和布设，都必须以使用者的行为和心理需求为前提。譬如有的家庭和宾馆客房室内灯具很多，有台灯、地灯、床头灯……，似乎考虑得很周到；但是人们回到家里或进入宾馆客房，并不一定立刻就坐在台前，或上床入睡，常常需要一个综合性照明灯具，将室内普遍照亮，当入室后完成一系列室内活动之后，才会坐下来或上床入睡，这才会发挥定点灯的作用。灯具灯位的布设必须适应使用者的行为需求，位置合适，开关自如。然而，实际生活中恰恰缺少了常用的综合照明，使人深感不便。

现代人的生活对光环境的要求越来越高，这同人们的物质生活和文化品位的不断提高直接相关。不论天然采光和人工照明，人们多要求光线含蓄柔和，创造一种温馨的气氛，常用横向铝制百叶窗帘或竖向纺织百叶帘将天然直射光改向；或用暗装灯具，使光源反射扩散，形成漫射光。

为了达到上述照明效果，许多家庭或宾馆客房，在层高很低的房间里另加吊顶，使本来嫌低的室内空间，又被附加吊顶，占去部分空间，这不是良好举措。凹形吊顶使平整的顶棚出现凹槽，成为积尘和阻碍通风、滋生细菌的死角，对室内卫生不利，同时也削弱了照明效果。许多室内设计强调点状分布的星光效果，将灯体吸入顶棚，使约4/5的光照不能发挥作用，为了达到必要的亮度，又要增加灯的数量。同时也使灯的散热量大增，因而提高了室温，在炎热的夏季，必然要用较强的空调来降温。这是一个恶性循环程序，灯多，散热量大，空调负荷也大，因而耗电量大增，用电费提高，增加了家庭的非必要开支。所以在进行光环境设计时，不能忽略照明的经济性，应力求节省经常性开支，合理确定照度标准和选择布灯方式，以求达到最佳综合效果。

第四节 空 气 环 境

在人们的生存环境中，往往会不加思索的强调衣、食、住、行的重要性，认为是维持人类生存的不可缺少的基本要素；然而对于须臾不可缺少的空气，确不甚注意。现代工业的发展，对自然植物生态的破坏，使空气污染达到了前所未有的程度，已经在威胁人类自身的生存。因而有必要对空气环境与人的关系进行一些讨论，特别是对微观环境更应格外注意。

一、氧

空气中主要气体氮约占4/5，氧约占1/5。1个标准大气压条件下的自然空气组成见表4.14。氮对于人体是不能利用的，氧对于人类生存是不可缺少的，在普通环境条件下氧的含量比率和分压力没有多大变化。以前针对氧的含量比率变化对人体的影响研究不是很多；比较经常注意的是对低气压、氧的分压力降低时对人体的影响。降低气压之所以引起人们的关注，是因为登山爬高，乘坐飞机旅行比较盛行。气压随着高度升高而降低，但是，紫外线会增强。所以对高山反应而言，不能认为仅仅是由于缺氧的单一原因而引起的。

自然大气中的气体浓度　　　　　　　　　　　　　　　表4.14

	气 体		浓 度
主要气体	氮	(N_2)	79%
	氧	(O_2)	21%
微量气体	氦	(He)	5.2（ppm）
	氖	(Ne)	18
	氪	(Kr)	1.1
	氙	(Xe)	0.086
	臭氧	(O_3)	<0.05
	氢	(H_2)	0.4～1.0
	二氧化碳	(CO_2)	200～400
	一氧化碳	(CO)	0.01～0.2
	甲烷	(CH_4)	1.2～1.5
	甲醛	(CH_2O)	<0.01
	一氧化氮	(N_2O)	0.25～0.6
	二氧化氮	(NO_2)	<0.003
	氨	(NH_3)	<0.02
	硫化氢	(H_2S)	0.002～0.02
	亚硫酸	(SO_3)	<0.02
	碘	(I_2)	(0.4～4)×10^{-5}
	氡	(R_n)	6×10^{-14}

氧气分压力降低会对人体产生影响，其结果如图4.25所示。根据这个图，急剧暴露的容许界限值氧气分压力为120mmHg，其换算高度约为240m，折算成1个气压时氧（O_2=20.96%）的比率为15.8%左右。低于此限时，将会出现呼吸深慢，脉搏数增加，血压上升等代偿（调整）性变化；会出现视力减退，对阴暗环境适应能力降低，头沉、头痛、困倦等神经性症状。当氧气分压力下降为75mmHg时，氧的比率为1个气压时

的10%，就会立即出现危险状态。这个分压时的换算高度约为7000m。另外，像暴露在土木工程施工现场、矿山、隧道等缺乏氧气的环境里；或在工厂的油罐里空气被其他气体置换的情况下，都会引起所谓乏氧症，这时氧的浓度在16%以下，若达到10%以下，则会出现死亡的危险。

氧气为16%，或者氧的分压力为120mmHg时，是急剧暴露的容许界限值，这时换算高度相当于2400m左右，登山时在慢慢登爬的情况下，比较容易适应。但是，当乘坐汽车快速登上时，由于来不及进行体内调整，因而会出现头痛、不安、四肢无力、呼吸急促、心动过速等现象，即所谓高山反应。徒步登山达到3000m以上时也会出现这种症状。可是在高地久居的人，能够逐渐适应低氧状

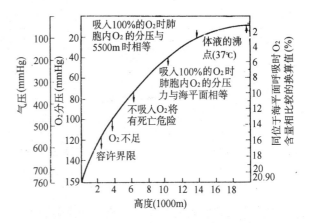

图4.25　高度与大气压、O_2分压同相当于海平面呼吸时的O_2含量之间的关系

态。这种情况，最明显的变化表现在血液和呼吸上，就是说在血液中会产生同氧气摄取与输送有关的血色素（血红蛋白）和红血球增加，还会使肺活量等呼吸运动机能增强。表4.15提供了低氧适应的证明。居住在南美秘鲁平原地区的利马（Lima）人和居住在安第斯（Andes）高地的摩洛哥卡人进行比较，其血压差别可能因气压不同有关系。

平地人和高山人的比较（南美利马人和安第斯人）　　　　　　表4.15

	利马人（海拔0m）	摩洛哥卡人（4540m）
身　　长	164.4cm	160.6cm
体　　重	64.5kg	54.4kg
血　　压	116mmHg	93mmHg
脉　　搏	72次/min	72次/min
呼　　吸	14.6次/min	15.0次/min
肺活量	4.92L	5.35L
最大换气量	175L/min	182L/min
全血液量	4.77L	5.70L
红血球数	511万/mm^3	644万/mm^3
血色素	15.64g/100mL	20.13g/100mL

氧气浓度过高也会产生影响，当潜水作业或海底作业时，也会出现问题。当水深40m时，其绝对气压达到5个大气压，氧气分压力也达到5倍，如同在地面上呼吸纯氧一样。若时间短问题不大，时间一长就会出现肺水肿危险，还会出现类似癫痫一样的痉挛。另外，同时存在的氮，在正常气压下呈惰性，一遇高气压时则具有麻醉作用，所以在长时间情况下，需用氦气置换氮气。

上述在极端的低氧和高氧状态下所产生的各种影响，在一般的室内外浓度变化的情况下不会出现，因此可以不考虑其影响。

二、二　氧　化　碳

空气中二氧化碳（CO_2）浓度如表4.14所示，新鲜空气中含量约为0.03%（300ppm）。被污染的城市室外空气多数都超过这个指标，有些地方，可达到0.05%左右。然而在人们居住的室内，由于呼吸而排出的二氧化碳，在换气不良的条件下，甚至于可以超过0.1%（1000ppm）。在表4.16里按作业强度的类别给出了CO_2的呼出量。作业强度增大的时候，能量消耗量也增加，相应的氧气摄入与CO_2排出也增加。如果室内空气中的CO_2含量要保持在某一水准以下的话，就必须按照在室人员与其作业强度计算换气量（室外新鲜空气进入量），并保证不断换气。

成人每人的 CO_2 呼出量　　　　　　　　　　　　　　　　　表 4.16

能量代谢率（RMR）	作业程度	CO_2 呼出量（m^3/h）	计算采用呼出量（m^3/h）
0	就寝时	0.011	0.011
0～1	极轻作业	0.0129～0.0230	0.022
1～2	轻作业	0.0230～0.0330	0.028
2～4	中等度作业	0.0330～0.0538	0.046
4～7	重体力作业	0.0538～0.0840	0.069

表中能量代谢率（RMR）是用卡路里的消耗量表示劳动激烈程度的数值。

$$RMR = \frac{劳动时消耗热量 - 安静时消耗热量}{基础代谢量}$$

也就是以纯劳动所必须的卡路里同安静卧床时消耗的卡路里的倍数来表示的数值。

室内空气的 CO_2 浓度的卫生标准，从 Pettenkofer 提出 0.07%，Flügge 提出 0.1% 以来，0.1% 这个值就长期被采用，但是对于它的生理意义几乎没有进行过研究。长年从事 CO_2 生理学研究的 Slonim，在其著作的总论中有如下的论述："随着环境空气中 CO_2 含量的增加，呼吸数与呼吸深度也增加。当 CO_2 的分压力为 7.6torr（与mmHg相同）浓度达到 1% 时，其呼吸数与呼吸深度开始一点一点的增加；CO_2 分压力为 15.2torr，浓度达 2% 时，虽然增加得明显一些，但被试者自身仍有许多人感觉不到；当空气中的 CO_2 分压力为 22.8torr，浓度达 3% 时，肺胞中的 CO_2 分压力，每分钟的呼吸量和脉搏数，都没有太大变化。因此，一般规定环境空气中 CO_2 上限值取 3%，长时间停留时取 1%。不过，根据最近的各种研究，这个限值也许过高些"。从上面引用的资料来看，不论 CO_2 为 3%～4% 对健康人的呼吸，也不论 2%～3% 对酸中毒患者的呼吸，都会带来一定的影响，但是，究竟 CO_2 浓度控制多少比较合适，则没有明确结论。

在 NASA（美国国家航空及太空总署）的研究报告书中，对 CO_2 浓度进行总结的 Roth 认为，人们在 80 分钟短期暴露的情况下，CO_2 浓度在 1.5% 以上时，可以看出呼吸深度增加，听力稍微下降；达到 2.5% 以上时则会出现头痛、目眩、恶心、抑郁，视觉的识别域下降等症状。此外，在 40 天的长期实验里，当浓度在 0.5% 以下时没有影响；在 0.5%～3% 时显示出生理性紧张，说明产生了生理化学的变化；在 3% 以上时，显示出会发生生理性的以及行为性的病态变化。利用潜水艇对人们进行长期观测，当浓度超过 1%～1.5% 时，就会发现对人体的各种影响。

本来 CO_2 的浓度控制为 0.1% 这个值，是作为空气污染的一个指标来应用的，它不是着眼于 CO_2 的作用而制定的，所以按有没有影响来评价这个值不一定妥当。

三、空 气 离 子

空气离子就是空气中含有的带电的微粒子。从最小的分子带电到大的粉尘带电，其大小和形状各式各样。在电场中移动的速度根据推断，分子状态的小离子为 10^{-6}mm 级，大离子为小离子的 10～100 倍。其带电的原因，是由于紫外线、宇宙线、电离放射线的作用，因风吹移动、加热等而完成的。在那些大小不同的空气离子当中，对身体具有影响的只是小离子。在自然状态的新鲜空气中小离子是很多的。当城市被污染或者空气仅在建筑物内进行循环时，则小离子会逐渐减少，其中也有少数变成为大离子。这是微粒子在浮游过程中，边集合边吸附于粉尘，使小离子减少，向大离子转化。不久它们将降落于地面，或附着于建筑物四壁、家具、衣服、人体等，从而消失掉。根据实测结果确认，在山野和海滨的空气中小离子较多，而在城市则较少。小离子的含量一般为 10～10^3/ml，据实测，在山野超过 1000/ml，而在城市室外空气中为 500/ml 左右，在生活密度较高的室内为 200/ml。虽然人们将空气中小离子的含量，作为空气清洁度的一项指标，但是对它的卫生意义还不十分清楚。

因此，空气离子的浓度也只是作为空气清洁度的一项指标，暂时并没有考虑这个浓度对健康的影响。

四、浮游粒子状物质

在空气当中多多少少，平常总会有些自然的，人工的微粒子在浮游着。这些粒子粒径有的可达 500μm，这样的粒子很快会降落下来，而占压倒多数的是粒径为 10μm 以下的粒子。粒子是由液体、气体、烟、粉尘等各种物质形成的。比重为 1，粒径为 10μm 左右的粒子，其自然降落速度大致 1 小时 1m 左右，粒径再小的还要慢一些。1μm 以下的粒子，几乎不沉降，而随空气飘浮移动。

浮游粒子状物质对人体的影响，决定于粒子的性质。例如在工厂生产过程中散发的金属粉尘，被吸收后会引起金属中毒。在矿山和土木工程现场产生的岩石粉尘会引起硅肺。工厂和燃煤锅炉的排烟是造成浮游粉尘和硫酸烟雾的主要原因。这种浮游粉尘和硫酸烟雾刺激呼吸器官，会在居民中引起慢性支气管炎等疾患。像这样由有害物质构成的粒子，具有各自特有的作用。除生产现场外，室内空气中的浮游粒子是由尘土、室内装修的残留物、衣服和书类的纤维等构成的。这些粒子及其危害性决定于粒子的性质粒径和浓度。10μm 以上的粒子不多而且沉降性较大，也容易受气流和其他因素的影响；既便被吸入，也能在鼻腔和喉咙的入口处被粘膜捕捉住。在卫生上成为问题的是 10μm 以下的粒子，被吸入气管以后，在气管、支气管、细支气管等处沉着，被由粘膜分泌出来的粘液所包围，其中，一部分由于纤毛颤动而向口腔移动，不久作为痰被排出；另一部分到达肺胞的粒子，被溶解、吸收，难于溶解的则长期停留在那里，成为肺部疾病的根源。据研究，在肺胞中沉着率较高的是 2～4μm 的粒子。

粉尘可以引起变态反应。在过敏性喘息当中有的人就是因为吸入了花粉、禽类的羽毛、猫狗的毛屑、建筑物棚壁剥落的粉尘等引起的。这些粉尘就成为吸入的变态反应原（抗原），引起抗原抗体反应。

特别要强调指出的是，近年来室内装修工程成为人们关心的热门话题之一。许多人几乎倾一生的积蓄，买了属于自己的商品房，同时耗费了可观的资金，将房屋装修一新。可是住进去以后，并不适应，出现了意想不到的症状，即所谓"装修综合症"。表现为无精打采，经常头痛，甚至眩晕，几乎不能集中精力。德国医生克劳斯——迪特里希·鲁诺博士解释说："罪魁祸首可能是地毯、壁纸或者复印机释放出来的化学成分，它们损伤神经系统、肝脏和肾脏。"

装修材料中的壁纸、油漆、粘合剂，以及各种塑料制品和地毯等化学纤维制品都含有不同程度的甲醛（致癌）、苯（致癌）、二甲苯（对肾脏有害）、三氯乙烯（对肝脏有害）等有毒有害物质。这些物质释放出来的化学成分，污染室内空气，成为室内空间的浮游粒子，是隐藏的杀手，这些物质的危害远比前述的浮游粉尘严重得多。因此在选用室内装修材料时应当十分慎重，尽量选用无味无毒无害的材料。有些化工材料在燃烧时会散发更强烈的毒气，可以使人窒息身亡。有些火灾中造成的人员伤亡，其根本原因，并非烧伤而是由于化工材料中毒而身亡。

表 4.17 为办公室的环境标准（日本资料）。

办公室的环境标准　　　　　　　　　　　　　　　　　　　　　　　表 4.17

项　目	卫　生　标　准	舒适标准（方案）
气　温	空调建筑 17～28℃	坐态作业　轻作业 夏 24～27℃　20～25℃ 冬 20～23℃　18～20℃
气　流	空调建筑 0.5m/s 以下	轻作业 0.5m/s 以下
湿　度	空调建筑 40%～70%	50%～60%
二氧化碳	空调 0.1% 以下，一般 0.5% 以下	0.1% 以下
一氧化碳	空调 10ppm 以下，一般 50ppm 以下	10ppm 以下
浮游粉尘	空调 0.15mg/m^3 以下	0.15mg/m^3 以下
空气量	10m^3/以上	10～13m^3/以上
换气量	—	30m^3/人/h
照　明	精密作业 300lx 以上 普通作业 150lx 以上 粗作业 75lx 以上	精密 1000～3000lx 普通 500 粗 100～200
噪　音	—	非机械声源 55 方以下 机械声源 65 方以下 工厂建筑 75 方以下

五、浮游微生物

在普通的室内空气里，有各种微生物在浮游，其中大部分附着于浮游粉尘而移动，小部分含在自鼻腔和喉咙排出的飞沫（小水滴）中浮游，尤其这些浮游物经过蒸发以后仅剩微生物在浮游。微生物的发生源大多来自人体，其中也有外来性的霉菌类（真菌类）。空气中含有的微生物种类，每次调查都因时、因季节、因场所不同，会有很大差别。比较多的是革兰氏（Gram）阳性球菌和杆菌、葡萄球菌、细球菌、革兰氏阳性杆菌，以及真菌类等。其中也有一些病原性的微生物，所以在患者较多的医院里就有感染的可能性。而在一般的建筑物里，通过空气中的细菌感染的问题不是很大。当然最好空气中细菌的绝对数少一些。目前已把空气中细菌数、真菌数，像浮游粉尘浓度一样，作为空气清洁度的指标，同时还进行了许多测定研究。

粉尘量及细菌量与场所关系很大，既便在同一场所与时间变动的关系也很大。

根据监测资料，在百货大楼内每立方米空气含细菌量达 400 万个，在林荫道上有 58 万个，在公园内只有 1000 个，而在林区仅有 55 个。林区与百货大楼空气中含菌量相差达 7 万多倍。这说明人流量越大，空气中细菌越多，污染越严重。同时也说明绿色植物具有良好的杀菌作用，许多林木在生长过程中，能挥发出柠檬油、肉桂油和天竺葵油等多种杀菌物质，杀死一些病原菌。因此，在俄罗斯有一些疗养院和别墅建在林区，人们可以尽情的沐浴在林木茂密的近乎纯净空气的大自然环境中，享受着真正的世外桃园生活。也是在俄罗斯，许多年轻的父母，用童车推着婴幼儿在雪后的森林小路散步，让婴幼儿呼吸洁净的新鲜空气。

在空气中因细菌引起的感染，问题不是太大，然而因病毒引起的感染，特别是在冬季，室内感染机会很大，需要格外注意。冬季流感所以会经常流行，一方面因为存在病原（病毒）和传染途径（室内环境），另一方面因为感受性集团具备了易于感染的条件。病原体就是流感病毒，它同夏季游泳（Poll）时流行的上呼吸道感染相反，在低气温条件下生存率较高，所以冬季比较容易流行。另外，作为室内环境，由于供暖往往换气不足，并且相对湿度降低，粉尘便易于飞扬，加上鼻孔和喉咙的粘膜因低湿和寒冷容易损伤，所以就容易受到感染。

经常开窗，通风换气，对于改善空气环境是十分重要的。早期的房屋，在北方寒冷地区十分重视房间的通风设施，不论办公室、学校教室、住宅的卧室，在墙壁上都设置自然换气的排风口，保证经常换气。然而近年来在设计上已经简化了，取消了通风口，这种简化是不科学的，是一种倒退。

我们已经介绍了在百货大楼，人流拥挤的群居环境，空气污染细菌含量，十分严重，特别是处于封闭状态的地下商业街，问题就更加突出。可是经常可以看到沿人流线两侧销售无包装的暴露快餐食品，这是违背食品卫生法的，会直接危害食用者身体健康。购买和食用这种受污染的食品是十分危险的，不能不引起注意。

六、吸　烟

在办公楼、会议厅、家庭卧室等，最严重的空气污染源就是吸烟。特别是在浮游粉尘量当中，香烟的烟供与率达到 50%～90%。当然，香烟的烟污染物不仅限于粒子相，也含有气体相，其具体构成是很复杂的。现在已没有人再怀疑吸烟对健康的危害性，但是，并不因此就会戒烟。现代医学已经查清吸烟的有害作用主要来自尼古丁（Nicotine）、一氧化碳（CO）和含有焦油（Tar）成分的各种致癌物质；还有氮氧化合物、氨（Ammonia）、氰（Cyan）、丙烯醛（Acrolein）、各种重金属以及农药等的有害成分。

吸烟引起的急性危害，最早被发现的是尼古丁对心脏血管系统的作用。尼古丁含在香烟的烟粒子相焦油成分里，在深度吸烟（肺吸烟）时，全量的 90% 被肺部吸收。尼古丁刺激交感神经节和副肾髓质，使之分泌肾上腺素、新肾上腺素，促使末梢血管收缩、脉搏增加，从而导致血压上升等等。这种作用对于患有冠状动脉硬化的心脏病患者会导致危险。同时吸入的 CO 又妨碍供氧，从而助长了这种危险。

CO 妨碍供氧，因为 CO 同血液中的血红蛋白的结合力特强，使血红蛋白的输氧机能遭到显著的损害，这就很自然的会使大脑机能低下。吸烟产生的影响所及是多方面的，据研究认为，对循环系统的动脉硬化、心肌梗塞、心绞痛、高血压、静脉血栓等构成诱因或助长因素。还对呼吸器官系统的慢性支气管炎、肺气肿，消化器官系统的慢性胃炎、胃溃疡、十二指肠溃疡有关系。

焦油中的各种致癌物质，是肺癌以及多种癌症的发病原因或诱因。

尤其是孕妇吸烟会引起流产、早产、临产前后死亡率提高；抑制胎儿发育，出生时体重减少；抑制母乳分泌等等。众所周知，世界各国进行了大规模的流行病学统计调查，很明显，在死亡总人数中，吸烟者所占比率较高。其危险率与日吸烟量及吸烟史长短有关系，普通纸烟的危险率最高，而过滤嘴香烟和雪茄的危险率则明显降低。表4.18为办公室粉尘浓度及香烟的烟所占的比率。

吸烟不仅对吸烟者个人有害，从对空气污染的影响来看，对非吸烟者的危害也是不容忽视的。处于吸烟者周围的非吸烟者，吸进的烟叫做被动吸烟；吸烟者吸进的烟叫做自发吸烟或叫主动吸烟。将二者进行比较，被动吸烟与主动吸烟的区别在于：前者烟的浓度非常稀薄；并且主要是副流烟。所谓副流烟，是从香烟的点燃部位冒出的烟，与通过烟卷而进入吸烟者口腔的主流烟不同。主流烟当吸允后再度排出时，其挥发性物质浓度变为原来的1/7以下，CO变为1/2以下。而且，按普通的吸烟速度，被吸烟者吸允的主流烟约占1/3，其余的2/3是冒出来的副流烟。所以扩散在空气中，被非吸烟者吸入的副流烟的量是很多的。副流烟没有经过烟卷和过滤器，所以其含有物的浓度远比主流烟多的多，其焦油成分是2倍、尼古丁3倍、苯并芘（致癌物质）4倍、CO和NO_x也有4倍。尤其是副流烟对粘膜，特别是对眼睛刺激性很强，这是因为副流烟中含有碱性和较多的丙稀醛的缘故。表4.19为香烟的主流烟与副流烟特性比较。

办公室内的粉尘浓度及香烟的烟所占比率 表4.18

测定场所	粉尘浓度 (mg/m³)	粉尘中香烟的烟所占比率（%）	室外空气中粉尘浓度 (mg/m³)	备 注
一般办公室	0.26~0.31	56~70	0.10~0.15	设中央空调
	0.22~0.34	91~92	0.02~0.05	设中央空调
	0.13~0.16	50~60	0.10~0.15	设中央空调
	0.08~0.12	25~35	0.14~0.18	设中央空调
	0.08~0.10	79~81	0.01~0.02	设中央空调
	0.40~0.45	58~60	0.17~0.18	无空调
	0.19~0.22	74~77	0.04~0.05	无空调
	0.16~0.20	50~60	0.10~0.12	无空调
机械室	0.19~0.20	0	0.15~0.25	设空调，禁烟
会议室	0.40~0.72	93~98	0.02~0.03	设中央空调
	0.36~0.42	73~82	0.14~0.18	设中央空调
休息室	0.55~0.68	93~96	0.03~0.05	设中央空调
	0.49~0.59	88~90	0.10~0.15	设中央空调
	0.32~0.36	88~90	0.03~0.05	设中央空调

香烟的主流烟与副流烟的特性比较 表4.19

	项 目	主流烟 (mg/支)	副流烟 (mg/支)	副/主比率	备 注
A	一般状况				
	发烟时间	20sec	550sec	27	
	香烟燃烧量	347	411	1.2	
	粒子数/支	1.05×10^{12}	3.5×10^{12}	3.3	
B	粒子相				
	焦油（提取三氯甲烷）	20.8	44.1	2.1	
		10.2	34.5	3.4	带过滤嘴
	尼古丁	0.92	1.69	1.8	
		0.46	1.27	2.8	带过滤嘴
	苯并芘	3.5×10^{-5}	13.5×10^{-5}	3.7	
	焦油腊	13×10^{-5}	39×10^{-5}	3.0	
	全酚	0.228	0.603	2.6	
	镉	12.5×10^{-5}	45×10^{-5}	3.6	

续表

项目		主流烟（mg/支）	副流烟（mg/支）	副/主比率	备注
C	气体相与蒸汽				主流烟的 3.5mg 与副流烟的 5.5mg 为粒子相，剩余为蒸气相
	水	7.5	298	39.7	
	氨	0.16	7.4	46	
	一氧化碳	31.4	148	4.7	
	二氧化碳	63.5	79.5	1.3	
	氮氧化合物	0.014	0.051	3.6	

注：按国际标准捕集主流烟；香烟湿度10%

在被动吸烟中，由于 CO、尼古丁、致癌物质所产生的作用，同主动吸烟在性质上是一致的，而吸入量比较少，所以在流行病学统计上的例证不多。但是，吸烟者家庭的婴儿、幼儿（被动吸烟者）的呼吸疾患发病率较高是有据可查的。另外被动吸烟对心脏病患者当然也会产生有害影响。副流烟比主流烟更具刺激性，被动吸烟者首先会诉怨眼、鼻、喉咙感受到的刺激。对粘膜的刺激、臭气、以及令人不愉快等的感受性，非吸烟者比习惯吸烟者显然要敏感得多。在现实社会生活中，特别是在公共活动场所，吸烟者给非吸烟者造成了很大的困难，前者在后者心目中留下了难以容忍的形象，会失去后者对前者的尊重，实际上是前者侵犯了后者的正常生活权利。为了防止这种侵权行为，在许多国家公共场所实行禁烟，或在某个角落设置设有排烟设施的专门吸烟室或吸烟角，这样可以暂时的把吸烟者与非吸烟者分离开，免除相互不便。

许多国家大力提倡戒烟，并收到良好效果。然而，在我国虽然也制定了在公共场所禁烟的规定，但是并没有认真的实行，效果很差，特别是青少年吸烟，应引起全社会的关注。据联合国卫生组织总干事格罗·哈雷姆·布伦特兰夫人预测："现在每年有 350 万人死于与香烟有关的疾病。到 2020 年，烟草杀死的人数将超过其他任何一种疾病，包括艾滋病。""下世纪死于与香烟有关疾病的人数可能增加到每年 1000 万人以上，到 2020 年，每三名 30 岁以下的男子中就会有一名死于吸烟"。她说："正因为如此，我们要花大力气反对吸烟，尤其要阻止孩子和青年成为尼古丁的依赖者"。

七、一 氧 化 碳

一氧化碳不仅存在于香烟的烟里，也存在于汽车、工厂排放的废气中，各种燃烧器具（燃气炉具、煤灶、木炭……）产生的排气中也有很多，作为一般室内空气污染物来说其有害性是十分突出的。CO 的毒性最突出的是同血红蛋白具有极强的结合力。正常血液中的血红蛋白（Hemoglobin）Hb 同肺里的氧相结合产生 O_2-Hb，向肌体组织输送氧气。可是 CO 同 Hb 的结合能力是氧的 240 倍，即使空气中含有的 CO 浓度很低，也容易形成 CO-Hb，从而阻碍 O_2-Hb 的形成，引起肌体组织缺氧。图 4.26 是 CO 浓度与 CO-Hb（%）之间的关系，依据 CO 浓度可确定 CO-Hb 的平衡标准。在肌体组织内部对缺氧最敏感的器官就是脑，所以急性 CO 中毒症状，主要就是脑症状。表 4.20 表明了急性 CO 中毒与血中 CO-Hb 饱和度的关系。不过，事实还证明在表中所示浓度以下，也能引起精神神经机能的下降。就是说，暴露在 CO 浓度为 100ppm（0.01%）的状态，尽管仍在 CO-Hb 的标准数%里，也会出现视觉，手指灵巧度、光或者声的融合阈数值的变化，当 CO-Hb 为 2% 时，会出现对时间识别机能的下降。

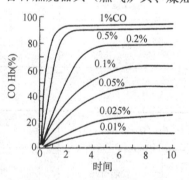

图 4.26 不同 CO 浓度的血中 CO-Hb 饱和度

急性 CO 中毒症状与血中 CO-Hb 饱和度　　　　　　　　　　表 4.20

CO-Hb（%）	中 毒 症 状
10	几乎无症状，运动时感到呼吸困难
20	轻度头痛，中等度运动时呼吸困难
40~50	头痛，疲劳困倦，虚脱
60~70	失去知觉，呼吸缓慢、昏睡、假死
80	脉搏频速，停止呼吸
80 以上	立即死亡

顺便指出，非吸烟者的 CO-Hb 值一般约为 0.5%，这是由于血红素的代谢等内因造成的。对于习惯吸烟者，CO-Hb 值平均约为 5%，其中也有超过 10% 的人。对非吸烟者血液中的 CO-Hb 标准，在短时间暴露时应控制在 2% 以下，为了不妨碍内因性 CO 的排出，要注意使大气中 CO 的浓度控制在：24 小时平均为 10ppm，8 小时平均为 20ppm，这是日本规定的环境标准。日本建筑管理法规定的管理标准 10ppm（在地下街等特定的场所规定为 20ppm）就是根据环境标准制定的。

以上我们讨论的 CO 危害是属于急性的。慢性影响，一般认为会产生健忘症、头痛、目眩、呼吸困难、耳鸣、贫血、视野狭窄，有时还会产生心肌障碍等症状。这里原因虽然不太明确，但是，由于同 CO 的反复结合会使变性的血红蛋白增加，因缺氧会使组织变化，动脉壁变性等等。这种慢性影响主要发生在工厂、街道暴露性的职业（煤气管工、锅炉工、交通警察等）中，但是由于燃烧器具（炉灶、热水器）和家庭用汽车的逐渐普及，一般人也会成为慢性影响的受害者。

由此可见，应合理地组织居室的换气，特别是家庭厨房、浴室的通风换气，及时将燃烧器具散发的 CO 排放出去，以新鲜空气取代受污染的空气。这对保持人体健康十分重要。特别是在我国北方寒冷地区，冬季严寒，门窗密闭，炊事和采暖过程中散发出来的 CO、CO_2、水蒸汽、氮、甲醛等逐渐扩散到各居室，必然影响健康、甚至造成不幸伤亡。所以在散发 CO 的燃烧器具房间必须设置有效的通风换气设施，同时还应设置 CO 报警装置。

第五节 色 彩 环 境

自然界的一切，不论是自然环境或人工环境，都是由丰富多彩的色彩构成的；不论是什么材料，也不论以什么样的形态出现，他们都是色彩的载体。正是这些色彩构成了五彩缤纷的大千世界，构成了人们生存的人居环境。色彩成为与人们不可分离的环境构成因素，与人们建立了深刻的情感联系。这一节我们主要探讨环境色彩的心理效应。

色彩在人们的日常生活中对于人会显示出各式各样的心理效果。假设在人们的面前存在着红色，那么眼睛除了直接知觉红色而外，还会在心理上产生联想、象征、情感联系。又由于红色呈现的形状、大小以及与其周围色彩的区别，还会显示出对比或同化的效果；再深入一步甚至会激起人们对之产生爱憎感情效应。这一切都表明了色彩的心理效果。

一、色彩的诱目性

人们对色彩的知觉，有的色彩从远处比较容易看出，有的则不容易看出。从经验中了解到黄色或橙色从远处比较容易看出，因此社会生活中常将黄色作为引起注意的标志色，橙色作为表示危险的标志色。色彩是否显明，易于被看出，还取决于与背景的关系。容易被看出的醒目色彩和容易被确认的色彩并不相同，与容易被读出的文字的色彩也不一样，这同色彩与其背景的具体构成有关系。眼睛没有想看任何物体，而被色彩自身的性质引起注视的特性称做诱目性；眼睛容易认出预想出现的物体存在的性质称做认识性；眼睛阅读文字时，其易于读出的性质称做可读性。认识性、可读性与诱目性虽有差异，但其基础仍源于诱目性。

根据实验，色彩的诱目性，按引起注意的强弱程度主观判断顺序如下：

红＞蓝＞黄＞绿＞白

这是在相同背景条件下，测定的结果。为了突出某种色彩，可以调整背景加大反差，从而获得更好的诱目性。

在上述诱目性顺序排列中，黄色居中，并未显现出突出，这是由于各种色光主观亮度相同的缘故。但从日常经验来看，黄色最亮，因此其诱目性是强的。

在诱目性的实验中，当背景是黑色、中灰色时，其实验结果几乎一致，其诱目性强弱顺序为黄（Y），橙

（YR）、红（R）……。但是，当处于白色背景中，黄色则很难被看出，因而诱目性顺序改变为红（R）、橙（YR）、黄（Y）……。此外，冷色系统的色彩的明度对比比较有效，比较容易被看出。但是明度对比大，却不一定诱目性强。

综合其他因素实验，认为一般情况下，红色的诱目性稍微优于橙色和黄色。在设计应用时，色彩的诱目性比它的认识性和可读性更有用，所以红色多被采用。这里所讨论的红色并不局限于纯红色，应用当中多采用具有红色成分的复合色。为了突出色彩的诱目性，在技术上结合荧光来应用，在环境光的激射下会增强色彩的亮度，提高色彩的诱目性。

色彩的认识性，是由远而近逐渐体现出来的。最初认识物体存在时，物体是从点而显现出来，这时并不了解它的色彩，随着眼睛与物体的接近，逐渐了解它的形态和色彩。通常人们认识物体时只是一瞬间，在这一瞬间里并不很深刻了解色彩，然而色彩如何却会对认识物体的深度产生很大的影响。

根据实验结果，多种色相的高彩度色彩，在黑色和白色背景下测量认识距离，背景不同其效果完全不同，反映出色彩的认识性取决于背景条件。在黑色背景下认识性强弱的顺序是黄、黄橙、黄绿、蓝绿、蓝、蓝紫；而在白色背景下这种次序恰恰相反。总之，色彩的明度对比大（物体色彩与背景色彩对比），它的认识性就强。认识性寓于诱目性，人们观看彩色照片或彩色电影，远比黑白照片或黑白电影受欢迎，前者比后者易于理解，更符合现实彩色世界。

色彩的可读性，体现在色彩图形与背景（底色）之间明度差别上，差别较大，色彩的可读性就强。可读性最强的色彩组合是黑色和白色。但是白色背景上的黑色图形和黑色背景上的白色图形相比，后者更容易读出。这是由于以黑色为背景，黑色具有退后的作用，从而提高了眼睛对白色的灵敏度。

在有彩色和无彩色的组合中，背景上采用高彩度的有彩色，便容易读出。例如红色背景上的白色、绿色背景上的白色、蓝色背景上的白色、黄色背景上的黑色中，以蓝色背景上的白色可读性最强。以蓝白组合作为标志，在日暮黄昏时由于普尔金耶现象蓝色的灵敏度会提高，其可读性也很少降低。这时，如采用红色背景上的白色作为标志，则很难被读出。色彩的可读性主要应用于信息标志的色彩上。

二、色彩的物理感觉

人们在长期地与色彩世界共处过程中，由于主、客观的适应谐调，逐渐认识了色彩的物理感觉特性。色彩可以表现自身的温度感，如火—热；冰—冷；色彩还可以使人们产生对物体所处位置的距离感、具体形态的体量感和重量感。综合这些温度感、距离感、体量感、重量感，统称为色彩的物理感觉。

温度感对于从事建筑设计工作者来说并不陌生，人们常说的暖色或冷色就是对温度感的具体表述。波长长的红色、黄色会给人们以温暖的感觉，波长短的蓝色会给人们以寒冷的感觉，根据孟塞尔的色相来考虑：红（R）、橙（YR）、黄（Y）、紫红（RP）属于暖色；黄绿（GY）既非暖色，也非冷色，属于中性色；绿（G）、蓝紫（PB）、蓝绿（BG）、蓝（B）则属于冷色。

色彩的冷暖与色相有关，实验证明：黑色比白色温暖，有彩色比无彩色（白色）温暖。

色彩的冷暖与明度有关，含白的明色有凉爽的感觉；淡红色比浓红色有偏温和的感觉；淡蓝色比浓蓝色有更凉爽的感觉。相反，暗色则有温暖的感觉，而且黑色尤甚。

色彩的冷暖还与彩度有关，在暖色系中凡彩度强的有增强温暖的倾向；在冷色系中，凡彩度强的有增强寒冷的倾向。

色彩的冷暖与表面光泽有关，光泽强的颜色倾向于冷色，而粗糙的表面则倾向于暖色。

色彩的温度感对于确定建筑空间、室内设计的风格影响极大，因此它是物理感觉中最重要的因素。

色彩的距离感，表现为色彩具有前进或后退的感觉效果。前进色就是显示出来的感觉距离比实际位置接近的色彩；后退色就是显示出来的感觉距离比实际位置退后（远离）的色彩。通过实验，人们得到的接近顺序如下：

$$红（R）>黄（Y）\approx 橙（YR）>紫（P）>绿（G）>蓝（B）$$

色彩的前进量和后退量，对灰色的平均值来说，前进量最大的是红色+4.5cm，后退量最大的是蓝色

—2.0cm。实验时眼睛距色彩表面的距离取1m，所以前进、后退量的变化范围是6.5cm，相当于物理距离的6.5%。

在其他实验中，说明色彩的明度，对色彩的距离感也产生影响。即白色是前进色，黑色是后退色。不过色彩的前进与后退主要与色相有关系。一般来说明色显得前进，暗色显得后退；暖色是前进色，冷色是后退色。这也是与人们长期的联想适应联系在一起的。

色彩的体量感，可以用膨胀色和收缩色来说明，当物体看上去显得大一些的色彩称为膨胀色；看上去显得小一些的色彩称为收缩色。

当采用圆状图形做多种色彩变化实验，判断其体量的变化时，其实验结果证明：明度越大，其体量越大，膨胀与收缩的量的变化范围大约是物理面积的4%。

实验还证明色相对于膨胀与收缩也有关系，红色、黄色具有膨胀效果，而蓝色表现出收缩。

色彩的重量感、即所谓的重色和轻色。物体看上去显得重些的色彩称为重色，显得轻些的色彩称为轻色。根据视觉判断实验，一般来说，色彩的重量感受到明亮的支配，明度越高，色彩感觉重量越轻；反之明度越低，感觉重量越重。

总结一下上述四种物理感觉，可以认为：暖色与前进色、冷色与后退色是一致的，都受色相所支配。就心理学中图形和底色的关系来看，前者是容易形成图形的色彩，后者是容易形成底色（背景）的色彩。在红色系的色相中会产生一些压迫人的力量，而在蓝色系的色相中却没有，这是物理感觉中派生的一种色彩心理压力感。

膨胀色与轻色、收缩色与重色大体上是一致的，这是主要由色彩的明度起支配作用的结果。

在室内设计中，善于应用色彩的物理感觉特性对于室内环境效果十分重要。暖色或冷色会直接使房间产生温暖感或寒冷（凉爽）感。笔者在对医院环境和住宅环境进行现场调查时，对使用者所做的问询调查都证明了上述结论，在北方寒冷地区如哈尔滨市，不论病房患者或当地居民都欢迎米黄色（暖色）的室内墙面装修；而在上海医院病房或家庭居室，除选用白色之外还多选用萍果绿色（冷色）的室内墙面装修，从问卷调查中也证实了这种倾向。而在福州住宅室内墙面多采用浅灰蓝色（冷色），比萍果绿色更具降温效果。笔者亲身体验，从阳光下的室外骤然进入室内，确有顿感凉爽之效果。

室内空间属于三维空间，人是空间内活动的主体，构成室内空间的一切因素，不论顶棚、四壁、地面，也不论家具、摆设等等，都是为人的需求而存在的。如何妥善设计运用色彩，创造舒适和附合功能特性的人文空间，是对室内设计师的考验。巧妙地运用色彩的前进后退、膨胀收缩的特性，善于处理明度高低和色相的冷暖，会取得小中见大，内涵丰富的美妙空间（彩图4.27、4.28）。

三、色彩的联想与象征

具有健全思维能力的正常人，都具备良好的记忆能力，由于生活经历的存在，在视觉建立过程中，又产生了恒常意识，即形成了某种恒常不变的抽象观念。在对色彩认知上也是如此，人们对经常接触，比较熟知的对象就会在大脑中建立印象，甚至会成为认识其他类似事物的比较基础，从而成为恒常性概念。在对色彩的感受领域，这种恒常性则成为色觉恒常性，不论具体环境照明条件、观看角度的变化，而在主观上显示出色彩稳定不变的现象。例如当人们想到西红柿时，会毫不犹豫地认定为鲜红色，其实红色以外，还含有黄色、绿色成分，只不过大部分是红色成分，因而头脑中印象为红色。人们对色彩的记忆，处于暖色系的色彩容易被记忆，如红（R）、橙（YR）等暖色比绿（G）、蓝（B）等冷色和紫（P）色系的色彩。容易记忆。

人们对色彩是怀有感情的，表现为喜欢不喜欢。影响人们对色彩的情感，与人的年龄、性别、人种、民族、宗教、文化、生活环境等因素有关。

儿童与老人所喜欢的色彩差别极大；男人与女人差别也很大，而这种差别往往是持久的；人种和民族的差别也反映出对色彩喜爱上的不同；宗教信仰和文化水准往往影响到人们的观念变化，因此也会反映在对色彩的选择上；某一件突发事件产生的极端性刺激，往往会使人产生对某种色彩的恐惧感。如亲临车祸现场，直观流血伤亡的惨像，在精神上受到强烈刺激后，在相当长时间内有的人会惧怕看到红色。这是联想因素在发挥作用的结果，触景生情，当前的红色，会刺激联想起交通事故现场，导致精神上的再刺激。

联想是健康人自然具备的一种思维能力，既可以联想过去，联想过去的经验和知识；也可以联想推知未来，联想虽没有实际经历，但可推想的未来事物。现实色彩是联想的激发条件，这种联想能力也因人而异，与人们的生活经历（经验）关系密切。

在联想中有具体联想与抽象联想的区别，抽象联想似乎多于具体联想。色彩联想一般来说，都与生活有关系。近年来在市场上出现了大量的彩色陶瓷卫生器具，有的宾馆或家庭片面追求色彩效果，采用红色或黄色洗面盆、洁身器、大小便器，这种卫生器具，不仅会使人联想到污物，缺乏清洁感；而且不利于及时及早发现使用者的某些病变，如泌尿系统、肠胃系统的病变。所以最佳选择还是纯白色卫生器具。

前述的色彩距离感，在具体应用中，特别是在地面选材时应予充分注意。近年来室内色彩选择，突破常规大胆尝试，出现了许多优秀实例，但是也出现了一些违背人们视觉适应规律的劣作。如有的公用卫生间设计采用黑色墙面、黑色地面，人们从灯光明亮的走廊或过厅进入卫生间，由于视觉适应来不及调整，突然感到进入黑暗世界，心情上骤然产生压抑感，眼前漆黑一团难以辨认方向，尤其对于老年人，视力衰退，不辨深浅，会有步履深渊之感。又如在楼梯、走廊、地面上采用黑色与浅色材料相间的作法，由于反差过大，对于老年人会产生地面不平，深一脚浅一脚的错觉。而且黑色是藏污纳垢的色彩，往往是清洁卫生的死角，给人们的联想是不佳的。

在社会生活当中，对色彩的共性联想，约定为某种特定的内容，这种情况称为色彩的象征。色彩的象征通过历史、地理、宗教、社会制度、风俗习惯、文化意识、身份地位等显示出来，但是这种象征的内涵在各个民族、人种之间是不同的，不能一概而论。

色彩的象征性，被广泛应用于社会信息标志上：

红色——表示防火、停止、禁止、高度危险；

橙色（黄红色）——表示危险，多用于航空、航海的保安设施；

黄色——表示注意，多用于建筑工地机械设施；

绿色——表示安全、卫生、前进，多用于邮政；

蓝色——表示戒备；

红紫色——表示放射能等。

色彩的具体联想见表4.21；抽象联想见表4.22。这是对色彩联想调查后的综合结果（日本资料）。

色彩的具体联想　　　　　　　　　　　　　　　　　　　　　表4.21

色彩 \ 年龄段（性别）	小学生（男）	小学生（女）	青年（男）	青年（女）
白	雪，白纸	雪、白兔	雪，白云	雪，砂糖
灰	老鼠，灰烬	老鼠，阴天天空	灰烬，混凝土	阴天天空，冬季天空
黑	木炭，夜间	毛发，木炭	夜间，黑伞	墨，煤烟
红	苹果，太阳	郁金香，衣服	红旗，血液	口红，红鞋
橙	橘子，柿子	橘子汁	橘子，砖	橘子，砖
褐	土，树干	土，巧克力糖	皮包，土	栗子，鞋
黄	香蕉，向日葵	菜花，蒲公英	月亮	柠檬，月亮
黄绿	草，竹	草，叶	嫩草，春天	嫩草，衣服里衫
绿	树叶，山	草，草皮	树叶，蚊帐	草，毛线衫
蓝	天空，海	天空，水	海，秋季天空	海，湖
紫	葡萄，紫罗兰	葡萄，桔梗	裤子	茄子，藤花

色彩的抽象联想　　　　　　　　　　　表 4.22

色彩 \ 年龄段（性别）	青年（男）	青年（女）	老年（男）	老年（女）
白	清洁，神圣	清楚，纯洁	洁白，纯真	洁白，神秘
灰	阴灰，绝望	阴气，忧郁	荒废，平凡	沉默，死灰
黑	死灰，刚健	悲哀，坚实	生命，严肃	阴气，冷淡
红	热情，革命	热情，危险	热烈，卑俗	热烈，幼稚
橙	焦燥，可怜	下品，温情	甜美，明朗	欢喜，华美
褐	涩味，古风	滋味，沉静	滋味，坚实	古风，素朴
黄	明快，泼辣	明快，希望	光明，明快	光明，明朗
黄绿	青春，平和	青春，新鲜	新鲜，跃动	新鲜，希望
绿	永恒，新鲜	平和，理想	深远，平和	希望，公平
蓝	无限，理想	永恒，理智	冷淡，薄情	平静，悠久
紫	高贵，古风	幽雅，高贵	古风，优美	高贵，消极

在讨论色彩的联想与象征时，不能不涉及到色彩的感情效果。这里的感情效果，并非由于色彩引起人们的强烈情绪，像喜怒哀乐那样。在设计上表现的，不论是外观色彩，也不论是室内设计采用的色彩，它们都是以色彩自身的性质所引起的感情来感染人的。换句话说，它不是观者（人）的感情，而是对象（物）的感情。因此，一般不宜过于夸大色彩感情效果对于人的影响。但是，即使这种感情是色彩自身的性质所引起的，而在长时间内环绕人们的视野，对人们的情绪就不会没有影响。像室内色彩那样长时间引人注目的刺激，就能够激起支配人们持续性的积极的情绪，或者进一步加强由于其他事情而产生的某种情绪。在这种情况下，色彩的感情效应则属固有的本能，其感染力是不能忽视的。色彩在建筑上，特别是在室内设计上所占的地位，要求我们应给予足够的重视，要科学运用环境色彩感情这一激发因素，去调动人们持续的、充满活力的生活情趣。

四、色彩感觉与光环境

前面我们广泛的讨论了色彩的基本性能，这种基本性能是客观环境的构成属性，但是如何被人们所知觉，为人们所认识，必须借助于相应的光环境，没有光也就失去色彩，在漆黑的夜里，一切都是黑暗的。所以光成为人们知觉色彩世界的桥梁，成为人与环境建立一切联系的媒介。

必须保证正常的光照，才能产生正确的色彩感觉，也才能充分发挥色彩的各种性能。

色彩感觉还与人们的主观条件有关，与年龄、眼疾相关。盲人对色彩自然缺乏直接感觉；而健全的正常人，也因年龄变化，视力也会衰退，老年人视力会变弱，辨色能力降低；还有因各种因素患有各种眼科疾病，如色弱、色盲患者也不能正常的认识色彩；白内障患者视力模糊，也不能充分的认识色彩世界。

建筑色彩必须以相应的照度（亮度）相配合才能充分发挥其效果。充分显示色彩的照度应不低于75~150lx。迎光面与背光面，在选择色彩时应有区别；室外用色与室内用色，大面积用色与局部用色，都应有所不同。

室内用色不仅考虑必要的显色照度，天然光比较准确显色，而人工光则经常受到光源的颜色外貌的影响。所以在天然光与人工光同时使用的室内空间，应使人工光源的颜色外貌及其显色性与天然光调和，并且在无天然光时也能为人们所接受。这种中间色的灯光常被认为是较合适的。当然灯光的选择还受到房间内部功能和类型的影响，并且在一定程度上与房间的使用时间（白天、晚上、全天）有关。表 4.23 为不同光源对色彩的影响。

人工光源对暖色和冷色所产生的影响　　　　　　　　　　　表 4.23

色　彩	冷光荧光灯	3500K 白光荧光灯	柔白光荧光灯	白　炽　灯
暖色：红、橙、黄	能把暖色冲浅或使之变灰	能使暖色暗淡，对一般浅淡的色彩及淡黄色会使之稍带黄绿	能使不论任何鲜艳的冷色或暖色看去更为有力	能加重所有暖色，使之看去鲜明
冷色：蓝、绿、黄绿	能使冷色中所有黄色及绿色成分加重	能使冷色带灰，但能使其中所含有的绿色成分加强	能把轻浅的色彩和淡蓝、浅绿等冲淡，使蓝色及紫色罩上一层粉红	会使一切淡色、冷色暗淡及带灰

色彩的应用是非常复杂的，在各行各业都有其各自的应用规律，并有各自的着眼点。艺术家应用色彩进行艺术创作，给人们提供美的作品；服装设计师应用色彩设计、剪裁制做服装，以美化人民生活；商品装潢运用色彩传达商品信息、美化包装，激发顾客购买欲；工程技术界运用色彩表达信息，简化程序，提高效率；而建筑师运用色彩则是创造安全、健康、方便、舒适并涵有某种意境的人居环境，远不单纯为了美感。

第六节　质　地　环　境

我们在本章已经讨论了温热环境、光环境、空气环境和色彩环境，这些环境都是环绕人体而存在的虚环境，也可以称之为软环境。而我们现在即将讨论的是实实在在的物质环境，是可以摸得着、看得见、可倚可靠的实环境，也可以把这种质地环境称之为硬环境。

就传统建筑意义来看，建筑物的支承体与表面装修是为一体的，譬如窑洞建筑就是利用黄土高原地区土地、山崖挖成洞穴供人居住，其支承体就是洞穴成形的土体，挖成后表面稍加整理或者刷浆处理一下就成功了。再如热带或亚热带一些地方的干阑式建筑，运用竹木材料搭建成离地架空式建筑，其承重与维护体系都是由竹木材料完成的，比较简单，也不存在内部单纯的装修体系问题；有许多用岩石或砖块砌筑的房屋体系，也基本上是自然状态的裸露块材的堆砌，稍加勾缝而已。

随着社会的发展，人们改造自然能力的进步和生活水平的提高，人们的居住环境有了很大的改善，同时建筑技术也在不断的变化。原本为一体的房屋支承体系，逐渐分离为两部分。一部分成为支承体系，一般是被表面所包围的，其任务是支承建筑承受荷载和围护成建筑空间。另一部分就是直接面对使用者的附着于支承体的表面层，即装修保护层。就其所处位置而言，又可分为外部装修和内部装修，前者称为建筑立面装修，后者则称为室内装修。

装修的任务：首先，是对支承结构体施以表面处理，使之与大气隔离、免遭风蚀破坏。如对木材施以防腐、防火、防损伤等油漆保护处理，就是为了延长支承体的使用寿命。对砖石、混凝土结构表面抹灰、刷浆或贴砌陶瓷、面砖等，也是为了保护结构体；

其次，是对被保护体施以必要的美化，使人们观赏时具有美感，产生联想，以满足人们的心理需求。这种美观要求同前述技术功能要求是一体的，同时兼备的；

第三，现代建筑装修，特别是室内装修更赋有新的内涵，就是给居住者提供安全、健康、舒适、方便的人居环境。

这第三项任务，是环境心理学引入建筑设计，特别是室内设计领域以来，提出的新要求；是改善人居环境，使环境宜人，以人为本观念的直接体现，是在前两项任务基础的深化，是现代室内设计，在设计观念上的升华。

就材质而言，室内装修材料有天然材料和人工、合成材料之分。前者如各种木材装修，可用于地面、墙面；也有石材，可贴附，可直砌；砖材是经人们加工而成的天然材料，他们不仅用于支承体，也可直接暴露，兼用为表面装修材料。而后者种类则更多，既可以用天然原料经人工加工成纸张、纤维纺织面料，也可以经化工合成各种有机、无机材料，如塑料、玻璃、各种合金、油漆、涂料等等。

天然的木料或石料，表现呈自然质朴性格，符合现代人希望返朴归真的要求，因而受到人们的普遍欢迎。

天然材料与人具有内在的感情联系，具有近人的心理倾向。

秦砖汉瓦，这是形容砖瓦材料与人们生活关系的代词，已有两千多年的历史，它与人们建立了良好的依存关系，在今天人们仍然乐意接近。

人们很早以前就学会运用石灰石膏制成抹面材料，在砖石基层上罩上光洁平整的表面抹灰层，获取一个明亮洁白的室内空间，人们就是在这样环境里生息繁衍，与之建立了深厚的感情。

近代，特别是当代建筑材料工业有了飞速的发展，出现了许多几千年来未曾有过的新材料，或者没有用过的其他材料应用到建筑装修上来，使室内环境变得极其丰富多彩，极大地改善和提高了人们的生活。化学工业的发展，提供了花色繁多的墙纸、墙布贴面材料，使室内墙体具有了"内衣"，亲切和谐，一改历来存在的"冰冷"感受。

以前红地毯只是身份高贵者或礼仪场合的专用品，而现在可以进入普通家庭，人人皆可享用。地毯作为地面材料，既有弹性又保温吸声，给生活带来一定的方便。但是也要指出它存在的弱点，容易积灰吸尘，便于细菌繁殖，对防火不利，特别是以化纤为原料的地毯，遇火燃烧会产生毒气，严重危害、威胁人的健康。

各种华丽的塑料制品，表面光滑，花色繁多，广泛应用于各种室内装修，它便于清洁，体轻便于安装，但是它在相当长的时间内会散发不良气味和致癌物质。塑料制品可以模仿天然制品的纹理，以假乱真，但是它缺乏天然制品的生机，人们在心理上难以给予与天然制品平衡的地位，就像仿真的塑料花再美，也不如鲜花受人欢迎，前者是无生命的，后者是有感情的。

现代各种新材料，不论是轻质合金还是环氧塑料制品，它们被应用于室内外装修，体现了现代化的工业技术，给人一种时代气息感，但是它与人之间难以建立情感联系，仅仅是应用而已。

除了材料的性质会给人的心理影响之外，材料的外观粗糙与细腻也会影响人们的心理。粗糙的表面，会使人感到沉重、有力，具有庄重感；而细腻的表面，会使人感到轻巧，易于受人控制。前者对人产生威慑压力感；而后者则没有。若两种材料同时应用时，粗犷毛糙材料置于下部，精致光滑材料置于上部则会获得较强的稳定感。

材料的运用直接与人们的生活安全相关。近年来一些公共建筑大量采用磨光天然石材做墙面、地面，室内厅堂的观感效果不错、但是有些石材会有放射性元素，经常会超过允许标准，对人体健康造成危害。光滑的地面会使人行走提心吊胆不敢投足，使用极其不便，甚至滑倒跌伤。这里忽略了安全因素，违背了人们的心理需求。同理，在近人活动的墙壁装修时不应采用易使人挫伤、碰伤的粗糙坚硬表面材料。任何建筑物都不允许出现由于装修不当使人受到伤害（彩图4.29）。

特别应当强调，防火安全因素应成为装修设计必须考虑的前提。许多惨痛的教训实例均是由于忽视火灾发生的可能性，造成了严重后果。对于容易引起火灾的材料或者遇火散发毒气的材料都应禁用，特别是在大量人流疏散通道部位必须绝对禁止应用上述材料。

现代装修出现了软质材料，除地毯之外，还有应用各种纺织品构成的软质贴面或篷幕吊顶，使室内环境更具近人的效果。

若以软质与硬质来划分室内环境质地，软质材料更具近人效果，会缩小人与空间的距离感，更增强小环境的温馨气氛。人的生活活动舞台主要在地面上，地面是人的第一位切身环境实体，采用软质触感材料比较受欢迎；墙面是人的第二位近身环境实体，人们有倚靠的机会，但远不如地面那样直接触立，近身处墙体采取软质贴面既安全又富于体贴亲近感。在大空间，室内环境采用局部篷幕式吊顶，突出重点装饰效果，也是一种室内装修手法。但是在层高较低的住宅空间采用篷幕式吊顶效果难以理想，同时既阻碍空间气流的流通，也易吸附浮游尘埃，是不利于卫生的处理方案。

作为人的生活舞台——地面材料，最佳选择应属木料地面。木料地面不仅具有天然的与人的亲和性，其纹理美观为人们所熟知，且有良好的弹性、暖性，便于清洁，有力健康，弹性使人走路省力，因而成为最理想的地面材料。

从视觉机率来看，人眼接触机率最高的是地面，最少的是顶棚，而四壁居中。所以地面的材质往往会决定环境空间的总气氛、总格调。就居室空间而言、四壁总是处于"背景"地位，四壁前必然存在属于"图形"的家具式摆放，背景应含蓄，不宜过分突出。结合室内设施考虑布设软质的窗帘、床罩、沙发椅套、地毯的材质色泽，对构成室内综合格调发挥画龙点睛的作用。对这些可调、可变的软质饰料，虽然不属于建筑装修的范畴，但是对于改变和美化生活环境却有极其重要的意义。

现代大空间建筑，其结构支承体主要是钢铁材料构成的各种空间结构系统，富有韵律感的结构结合轻质金属幕墙和玻璃幕墙，组成全新的现代质感建筑。在这里完全暴露结构体材质，不做任何隐蔽性装修，仅在结构体表面施以彩色油漆或其他喷涂罩面，给人以全新的感觉。现代空间网架或异形空间桁架，在完成建筑结构功能的同时，也完成了时代美的表现，将结构美与建筑功能统一为一体。但是，那种脱离建筑结构功能需要，而纯粹表现结构的所谓现代结构装饰美，则没有前途，必遭淘汰（彩图4.29）。

第五章 个人空间与感觉尺度

本章我们来讨论个人空间问题,这是环境心理学研究领域中一个重要组成部分,它同室内设计、空间尺度的控制与设计关系密切。

杜克(M·Duke)和诺韦斯基(S·Nowicki)认为,个人空间意识是在个人不断成长过程中逐渐学会的行为。个人空间的研究内容十分丰富,但多数理论研究是围绕着适当的距离这一概念展开的。

第一节 个 人 空 间

个人空间是围绕个人而存在的有限空间,有限则指适当的距离,不适当的距离会引起不舒服、缺乏保护、激动、紧张、刺激过度、焦急、评价不当、失掉平衡、交流受阻和自由受限等感觉。显然,不适当的人际之间的距离,常会产生一种或更多的反面效果,我们称之为消极效果;而适当的距离通常能产生正面的、积极的效果。

个人空间具有的作用,表现为:

(1) 舒服 当人们相互接近时具有一定的空间距离限制,人们在对离得太近或太远的人说话时会觉得不舒服,产生不舒服的感觉。

(2) 保护 可将个人空间看成是一种保护措施,这里引进了威胁概念,当对一个人的身体或自尊心的威胁增长时,个人空间也扩大了。据(美)吉福德(R.Gifford)研究发现,孩子们在教师办公室这种感到轻度威胁的环境里,如果他们互相熟悉,就会彼此靠拢,如果他们互相陌生,就会彼此离开。互相喜爱的人在创造一个防御外来威胁的共同保护地区时,不是扩大他们的身体缓冲地区,而是彼此更加靠拢。

(3) 交流 在个人空间中的交流,除了语言之外,还在于对别人的面孔、身体、气味、声调和其他方面的感觉和感性认识。假若你面对的是一位与你离得过近的人,你所不想要的信息会汹涌地向你扑来。通过视觉、听觉、嗅觉和触觉会扰乱或抹杀谈话的内容。交流是个人空间的一个方面,是个人之间交流事实、感情和态度的一个途径,是信息传递过程所需要的一种主要工具。个人空间是一种非语言的信息传递渠道。

(4) 紧张 埃文斯(G.Evans)认为个人空间可以作为一种制止攻击的措施而发挥作用。过度拥挤,空间不足,是引起攻击行为的激发因素。

个人空间被描述为隐蔽的、恬静的和看不见的东西,然而每人每天都拥有它、使用它、离不开它。萨默(R.Sommer)将其简单地定义为:"个人空间是指围绕一个人身体的看不见界限而又不受他人侵犯的一个区域。"其内涵表达出个人空间,首先,是稳定的,同时又根据环境会有所伸缩;其次,它确实并非个人的,而是人际的,只有当人们与其他人交往时,个人空间才存;第三,它强调了距离,有时还会有角度与视线内容;第四,个人空间乃是非此即彼现象,要么侵犯别人,要么被别人侵犯。

个人空间被解释为人际关系中的距离部分,是一种空间机制,一种个人的、可活动的领域,是一种交流渠道。在豪尔(E.Hall)看来,人际距离,会告诉当事人和局外人关于当事人之间关系的真正性质。你可能看到成双成对的人手挽着手漫步,或坐在路边或公园座椅上谈话,从我们的文化素养经验来看,合乎情理的信息,这可能是一对恋人或好友相聚。根据他(她)们之间的距离,可以判断其关系的密切程度。图5.1是在公园喷池周围座椅休息者的

图 5.1 公园喷水池周围座椅休息者个人空间实况

个人空间实况。

豪尔把人际距离划分为8个等级，每一等级都向当事人提供了有细微不同的传感信息；每一等级又都表明了当事人之间的细微关系。这8个等级又分为4个组，各组由近距与远程所组成。

（1）亲近距离　亲近距离的近程为0～15cm。是指安慰、保护、拥抱、摔跤和其他人体全面接触活动的距离。

亲近距离的远程为15～45cm。有亲近关系的个人才使用亲近距离的远程，这一距离的典型行为是耳语。

（2）个人距离　个人距离近程为45～75cm。相互熟悉、关系好的个人之间、好朋友之间或一对幸福的伴侣之间常使用这一距离。

个人距离的远程为75～120cm。是一般性朋友或熟人之间交往中使用的距离。

（3）社交距离　社交距离近程为1.2～2.0m。社交距离更多地是不相识的个人之间交往使用的距离，如社会交往中某人被介绍给另一人时，或者在商店选购商品时，经常选择社交距离近程。

社交距离远程为2.0～3.5m。这是正式的商务、外事活动场合的距离，这里只有礼仪，而极少有友谊的感觉，甚至连友好的气氛也没有。两个组织的代表会唔时的距离，就是这种交往的最好例证。

（4）公共距离　这一距离多指公众场合演讲者与听众之间，学校课堂上教师与学生之间的距离，个人交往时较少使用。

公共距离近程为3.5～7.0m。当某人或教师向30～40人演讲时，他和听众之间的平均距离大致如此。

公共距离远程7.0m。是普通民众迎接重要人物时保持的距离。假如你迎接一位国家元首，你可以在这一距离上止步。

个人空间具有的行为领域、空间机制和交流渠道这三种功能是相互补充而存在的。

严格说起来，公共距离的远程尺度已经脱离了个人空间，而跨越进入公共空间。如国家之间相互交往、会见、会谈时的场所，则属于公共交往空间。这种空间主要由礼仪观念和平等原则来控制，其尺度多半是可变的，这决定于参加人数的多少而定。

各国议会大厅多取圆形、扇形、半圆形，布置座席，主要显示议员权利平等；联合国安理会会议大厅的席位，也取圆形布置也体现平等意识；有些国际性会议，除圆形布设座席外，根据出席国家代表的多少可能布置成双边、三边、多边等不同形式，有时谈话者间距离可能远远超过上述距离。双边谈判会场，最近距离以双方代表站立握手能够接触到时为限，过近并不方便，且有不够严肃庄重之感。

个人空间既是有限空间，又是可变空间，其大小受到多种因素的影响。其主要影响因素有：性别、年龄、性格、社会地位、社会环境和自然状态下的具体环境等诸多因素。

第二节　视　觉　尺　度

我们将从眼睛到能够看清对象物的距离，称为视觉尺度。人的眼睛视力因人而异，各有差别，特别是老年人与年轻人之间的差距尤大。我们现在讨论的是一般正常状态下视力所能达到的视觉尺度。

人是从自己所处的位置通过眼睛来认识外界空间的，反过来也可以说是在外界空间中确认自己的位置。这种对外界空间由近及远的知觉顺序是对空间的基本认识过程。

眼睛是视觉的窗口，通过这个窗口将外界信息输送到视觉神经中枢，从而知觉不断变化和运动着的种种形、色、大小的信息。

观察外界事物，判断尺度，首要一点是确定视点的位置。人的眼睛处于脸的上部，从头顶向下10cm左右，正常的成年人一般站立时眼高处于150cm左右的位置上，从这里向前伸展的水平线，我们称之为"视廊"，以"视廊"为基准的向上、向下的有限范围内，为面对的视觉空间。当然人体身高的不同，视点位置也会有变化，人与人之间眼睛的水平位置会有10～20cm的微差，在把握对象物时会产生微妙的影响。

特别应指出，人所处的位置差别是决定性因素，如从高处往下看，或从低处往上看，其判断结果差别极大。我们现在讨论的主要是同处于一个水平面上的水平方向的视觉判断尺度，如果观察者位置有变化，其结论必然不同。

下面来看一看根据豪尔和斯普雷根的研究而绘制的视觉尺度示意图5.2。这是一幅将视觉尺度相关内容汇集在一起的图示。由人头部正前方延伸的水平线称为视轴，视轴上表示的刻度分成几段，分别代表不同的比例。图内标注尺寸为英尺（ft），括号内为换算成米制的近似值。

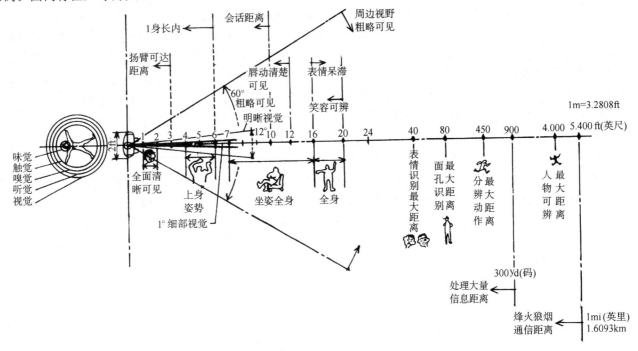

图5.2 视觉尺度汇集

人类早期对尺度的认识是从以人体身长为基准开始的，常以身长为量度单位，这里还保留了原始认知的痕迹。

双眼合成视野为60°；中心明晰视野为12°。开阔的合成视野只能粗略的扫描周边景物，而中心视野1°，则可以"一目了然"毫不费力的清晰的了解景物。

人体肩宽2ft，身长6ft；

面部全貌　1～2ft（30～60cm）；

扬臂触及距离　3ft（90cm）；

上体姿态　4～6ft（1.20～1.80m）；

坐态全貌　7～16ft（2.10～4.90m）；

会话距离　<10ft（3.00m）；

唇动可见距离　<12ft（3.70m）；

站立全貌　16～20ft（5.00～6.00m）；

表情模糊　>16ft（5.00m）；

可区辨笑颜　<24ft（6.00m）；

认识表情的最大距离　40ft（12.00m）；

认识面部的最大距离　80ft（24.00m）；

分清动作的最大距离　450ft（140.00m）；

大量信息处理的距离　<900ft（280.00m）；

可区别人·物的最大距离　4,000ft（1200.00m）；

充分利用人力通信（狼烟、烽火）的距离　<5400ft（1650.00m）。

第三节 听觉尺度

就声源而论，可能来自生活声、自然声、人体声，其中既包括悦耳的音乐声，也包括令人心烦的各种噪声，本节不去探讨这些内容。我们要讨论的是人的听觉能力，听觉尺度。

人类社会是人群共居的社会，是伴随声音而生存的社会，不可能完全摆脱声音，也没有必要完全摆脱声音，也可以说声音是与人共生共存的附属品。只有当人们生命停止，他自身所能发出的声音才告结束。因此当人们步入十分寂静鸦雀无声的环境，反而会产生一种恐惧感，令人不安，产生惧怕的联想，沉默的世界是死者的世界，往往会把死与静联系在一起。有时孤身一人走路，走进深山野林，周围寂静无声，会情不自禁的大声吼叫，借以壮胆，增强自信。在家庭里那些"单身贵族"，为了消除孤独感，常常用音乐伴随自己，或者开收音机，或者开电视机，寻求声音的谐伴。我们可以说，生命的世界就是声音的世界。声音是信息载体的一种形式，通过声音，人们可以认识了解社会信息、自然信息和人体自身信息。

做为信息载体的声音需要具备一定的响度标准才能为人们所感受所听到。就噪声而言，噪声级到什么程度是人们所能接受的，这是难以一概而论的，要根据人们自身在谈话时发出的直接声的声级标准而定。大岛正光氏在其《人间工学》中提供的资料：

(1) 正常会话　40～60dB；
(2) 提高声音会话　60～80dB；
(3) 高声喊话　80～100dB；
(4) 非常困难　100～115dB；
(5) 会话不可能　115～130dB。

(4)、(5) 表示噪声达到这种标准，将使会话非常困难或根本不可能进行会话。

人们所期望的或所允许的室内噪声大小：

(1) 无线电、电视广播的播音室　25～30dB；
(2) 音乐室　30～35dB；
(3) 医院、电影院、教室　35～40dB；
(4) 公寓、旅馆、住宅　35～45dB；
(5) 会议室、办公室、图书馆　40～45dB；
(6) 银行、商店　40～55dB；
(7) 餐厅　50～55dB。

为了保持身体健康，为了能够正常的生活，正常交流信息，控制噪声的干扰是完全必要的。在前述噪声标准范围内将能保持正常的生活状态。要做到这种程度，首先是对噪声源要严加控制，不要对他人造成超过标准的影响；其次从城市环境和建筑环境上采取隔离屏蔽保护措施。在公路两侧设绿化带消声；在高速公路两侧设隔声屏障；建筑物自身增强墙壁、门窗的隔声性能等等。在社区内邻里之间也有一个互相关照的社会道德问题，应将声响设备主动降低音量，尽量减少对他人的干扰。

有的家庭主妇为了减少外来噪声侵袭，而开启收音机或电视机，用适当的音量去抵消或湮没外来噪声。

声音的传播距离，即听觉尺度，同声源的声音大小、高低、强弱、清晰度及空间的广阔度、声音通道的材质等因素有关。与空间距离相对应的听觉尺度对于人与人之间信息交流，特别重要，它说明在会话时的距离，相距超过某种程度时则不能会话，即便大声也难以让对方听到。

根据豪尔的研究：

(1) 会话的方便距离＜10ft（3.00m）；
(2) 耳听最有效距离＜20ft（6.00m）；
(3) 单方向声音交流可能，双向会话困难＜100ft（30.00m）；
(4) 人的听觉急剧失效距离＞100ft（30.00m）。

与谈话伙伴之间的距离,在近距离时会小声耳语,会能有意识调整声调;当超过3m对群体讲话时会提高声调;超过6m时会大声变调,这是对空间扩大时声音的补偿变化。这种声音的变化与面对的人数多少有关,人数多声音大声调也会变化。

根据经验,一个人面对的人数(充满空间的大小)与谈话的方式相应关系如下:

(1) 1人面对1人　　($1\sim 3m^2$),谈话伙伴之间距离自如,由于二人的关系亲密声音也轻;

(2) 1人面对15~20人　　($\sim 20m^2$),这是保持个人会话声调的上限;

(3) 1人面对50人　　($\sim 50m^2$),单方面的交流,通过表情可以了解个人的反应;

(4) 1人面对250~300人　　($\sim 300m^2$),单方面的交流,了解个人面孔的上限;

(5) 1人面对300人以上　　($300m^2\sim$),完全成为演讲,群众一体化,难以区分个人状态。在这里,讲话人处于(3)、(4)状态时,面对50~300人,不论面对个人或面对群体讲话,往往会出现混乱状态。若能采用麦克风,由于直接声声调像原来一样低也能听清楚,不需要用演说腔调,用直接声面对广阔的空间,由于存在直接声的残像,听起来反而更像个人谈话的声调,虽对群体讲话也会产生这种错觉。

第四节　嗅　觉　尺　度

现代人的鼻子嗅觉到的气味比原始时代、古代和中世纪等有相当大的差别。那个时代比较单纯,而现代纸浆制造、石油化工、化学肥料、医药制造等工厂排出的液体气体随处可见;现代交通工具汽车、飞机汽油和废气;现代大都市生活污染、生活垃圾的腐臭等等严重侵害和破坏了原生态环境。这就使现代人的生活环境,同古代有了极大的变化,人们呼吸到的空气、嗅觉到的气味与从前有很大的不同。现代人的物质生活有了很大的进步,然而嗅觉能力并没有随之提高,反而有了相当的退化。

现代人的生活环境确保了生活的安定性与安全性,对环境由于经验性的原因怀有充分的安心感,已经没有像古人那样经常对远方的敌人或未知的原因保持紧张的警惕性的必要;对于食物的选择主要凭借经验,这就使嗅觉的使用频率逐渐下降,使嗅觉能力减弱。鼻腔做为嗅觉功能的主动性要求已经降低,仅存被动性的嗅觉能力。

在我们讨论嗅觉能力的同时,也要讨论人类自身散发的气味问题。人们所处的生活环境除了受环境空气(自然界的,人工产生的)的制约之外,更多的是人与人之间的信息交流与接触,更多的是接触到人体自身散发的气味。

不同的人种有不同的气味。即便同属现代人,有的人嗅觉灵敏,有的人迟钝;同一人种也有很大的差异;也有像阿拉伯人那样,将嗅觉做为人与人联系交流的重要手段。

各个人种都具有自己固有的生活习惯与生活方式,喜欢动物性蛋白质好吃肉食的人种与以植物为主食好吃蔬菜的人种,其体臭与对气味的嗜好都有所不同。前者在后者看来感到体臭过强;反过来前者看后者并不觉得过弱。同具有强烈狐臭的肉食系的人共同生活,恐怕也需要具有同样的体质和体臭。在密闭的空间中,同异臭同室实在是难以忍受的。就这一点来说,与体臭强的人种相比同气味稀薄的无体臭人种接近居住是可能的。就一般而论,由于体臭弱的人种有关气味的麻烦最小,可以说对高密度居住方式是比较容易适应的。然而,人与人之间过于接近,碰上带有体臭者紧靠自己,那么问题就出来了。例如在乘车当中与陌生的他人紧接,其汗味、呼出的口臭令人难以忍受,许多人都会有这种体验。

气味不仅与人种有关,还与男女性别有关,与个人体质疾病有关,与个人卫生有关。

为了克服体臭的困扰,人们采用香水香料做为一种抵消或缓和措施。最近在城市里不仅中年女性,连年轻人喜欢用花露水的人也大量增多,以便在擦肩而过时,留下一阵良好的气味。不仅限于女性,在男性中间由于商业广告的狂热宣传,擦用某种化妆水的趋势也在提高,这对于社会生活经常密切接触而产生的不愉快感,是一种有效的软化缓解剂;另一方面对于社会生活消除体臭化,提供了良好的取代气味剂。在社会上,同时也存在相反的观点,有些人不喜欢过强的香味刺激。

使用香水或带香味的化妆品,是对体臭的抵消剂,使人们摆脱相互接触中产生的难以忍受的不愉快感,从而增强了人与人之间接近接触的亲和力。从这个意义来说香水对于现代社会生活是有积极意义的，是必要的，值得提倡。

根据豪尔的实测，将嗅觉尺度划分为四个等级：

(1) 洗发、洗浴皮肤的气味所及距离　0～1.5ft（0～45cm）
(2) 性的气味所及距离　3ft（90cm）；
(3) 气息和体臭所及距离　3ft（90cm）；
(4) 脚臭　9ft（2.70m）　这是人体气味中最强烈的部分。

在英国搭乘公共汽车，有一定的人数限制，超过了就不允许乘客搭乘，这既是为了礼仪，也是为了不缩小人与人之间的距离。

气味渗透于空气之中，无人可以不受其影响，或受臭气的困扰，或受香气的刺激，无人例外。

臭气除源自于工业污染、交通污染、生活污染之外，主要是人体自身，体臭、狐臭、脚臭、嗜烟者的口臭、息臭、放屁等等，这些臭气使人困扰，甚至使人屏住呼吸难耐。

自然界无污染的新鲜空气，充满乡土气息的浓烈的绿色芳香，沁人心脾。

香型气味给人以特有的刺激，美味佳肴使人垂涎欲滴，盛开的桂花让人心旷神怡，总之，具有香型的气味令人振奋。所以现代人利用香水香料美化生活，实质上是一种抗污染的积极措施，是一种主动刺激，是在调动人们的兴奋机制，同时也是有礼貌、有道德、有修养的表现，不使自己给别人带来不快，一定程度上会抵消来自他人的臭气污染。

现代的办公室、卫生间、轿车、飞机机舱火车车厢常备有挥发性香水、香精，借以改善嗅觉环境，消除疲劳，激发活力。

在礼仪性活动或公共环境中十分注意着装仪表，这不仅是礼仪、社交需要，同时也是公共道德素养的表现，那些袒胸露背，甚至汗流夹背，脚跟拖鞋的不修边幅者与人共处是缺乏教养，失之持重的表现，与人与己都有害无益。

第五节　肤　觉　尺　度

皮肤感觉仔细划分，是由触觉、压觉、痛觉、温冷觉构成的，它同时也是外部环境对于人体利害影响的重要判断尺度。这些感觉内容各有不同，各有各自的测定方法和要求，它不同于前述视觉尺度、听觉尺度、嗅觉尺度、能够以具体的尺度值来表述。

我们将人的触觉空间（人体的第一环境）按其先后顺序归纳整理如下。

人与物的接触：

(1) 衣服、鞋、帽子，脸与手接触的外界空气；
(2) 道具、家具、椅子、被褥卧具、床席等；
(3) 自己的房间、工作场所等自己的工作空间；
(4) 住宅；
(5) 一般性建筑物与人体直接接触的部分（地面、扶手等）；
(6) 街道等外部空间的部分；
(7) 自然界的一部分（空气、水、绿化、气候等）。

人与人的接触：

(1) 胎儿与母体（出生前）；
(2) 婴儿与母亲；
(3) 夫妇、恋人；
(4) 友人；
(5) 对面谈话寒暄时的伙伴之间。

另外在人多混杂的乘车情况下，无关系的人与人之间也会接触得很紧密，这完全是被动的接触，没有感情联系的接触。

本章所讨论的问题，都是与人体密切相关的，完全是近身环境所涉及到的感觉系列问题，对于确定近身环境尺度，处理相关的关系，提供了合理的依据，对于进行室内环境设计具有十分重要的意义。

第六章 环境与行为

环境与空间，这是两个既有区别又有联系的词汇，对于建筑领域而言，在一定范围内，甚至难以区分它们的内涵。但是，就环境而言，总是要有一个核心，环境围绕核心而存在，而且会无限向外扩张，会产生不同层次、不同等级的环境圈层。而就空间而言，它完全可以独立存在，各自成立，一般来说是具有范围限定的。特别是在近人的生活空间这种限定是明确的，但是，也有人将这限定的空间称为环境，称为近身环境、微观环境或特指环境。

一个房间里边摆上一张床，根据人们的切身经历，会判断出这可能是一间卧室；若摆的不是一张床，而是一张桌子，可能被判断为办公房间；若摆放的既不是床，也不是桌子，而是一具沙发，则可能被判断为休息室。同样的房间，由于摆设的家具不同，则构成了不同的功能空间；不同的功能空间会引发不同的行为，这不同的功能空间也可称之为不同环境。每一种空间都是由于其中的某一处于主导地位的因素决定其性质的，如床、桌、沙发，决定了卧室、办公室、休息室的性质。当然并不排斥其他家具摆设的存在，但是其中必然存在起主导作用的决定性因素。

第一节 人的行为

人的行为问题的研究，已不局限于建筑环境领域，不仅限于建筑设计或室内设计，可以说凡是有人生活的场所，都存在人的行为问题，与人所接触的各个专门领域，都在研究人的行为这一课题。社会学界、心理学界、生态学界，甚至于系统工程学界等相关各学科领域，都在进行学科之间的跨学科研究。

特别是针对建筑设计的行为科学的研究，近年来变得盛行起来，成为一个热门领域。这是现代社会生活背景的直接反映，考虑到人口密度增大，社会生活方式多样化、复杂化；加上由于科学技术的进步，建筑物向大型化、高层化发展；同时迫使设计周期缩短，这就要求探索人的行为规律，使在设计中正确的积极反映过去不被重视的行为规律是完全必要的。

所谓人的行为，就是一天生活当中各种行为的展开或进行。从早晨起床开始、洗漱、梳妆、早餐、通勤上班、处理公务等等，这些活动情况，既有每天都按常规活动的人，也有每天行为活动都完全不同的人。还有平日按正常规律活动，而到节假日则睡懒觉、逛商店或去郊外野游、江边钓鱼，这就形成了节假日特殊的行为活动。

这些活动，我们称之为人的行为，表面看起来似乎相互之间都是无规律的行动，但同时又由于不同的个人行为的集合而构成了社会生活。然而我们通过对这些活动的仔细观察，肯定会发现其中有一定的倾向和规律性。例如，对一些人的行为进行观察，会发现步行速度因年龄、性别、步行者人群的人数而有明显的差别；不仅如此，还会发现，在不同的时间、不同的场所，如站前广场，或候车场所，也会出现人流变化的规律性。

从观察暂时的行为，会发现那里的人们固有的特性。而从这些特性会看出社会制度和风俗习惯、城市的形态，会能发现影响建筑空间构成的一些因素。一面墙壁，一根柱子既能诱发行为，反之又能构成一定的制约因素。

这样，在空间中人的行为集散过程，其内在的共同规律性或秩序，就构成了人在空间里的行为特性。明确这个问题，即把握这个问题对于建筑师而言，是将人的行为纳入建筑计划，进行建筑设计的第一步。然后将这种行为特性一般化、模式化，即按实际建成后人们在其中如何行为而应具备的程式，设想一个设计方案。设计者根据行为模式才可能对设计方案进行比较、研究和评价，才能对设计产生反馈。

一、行为的定义

所谓"行为"究竟是什么含意？从购物行为、观览行为、通勤行为和疏散行为等的表现可以看出，在讨论行为的时候，常常伴随着一定的目的，为了"维持家庭生活，满足食欲要求"的目的，外出到食品店，选购一些必需的物品，付了款回了家，这一系列行动的连续，就构成了行为。因此，我们可以给"行为"做如下的定义："行为是为了满足一定的目的和欲望，而采取的过渡行为状态"，借助这种状态的推移可以看到行为的进展。图6.1是模式化的入浴行为，为了完成这种行为，就要具备必要的功能空间，这就是我们讨论的浴室。

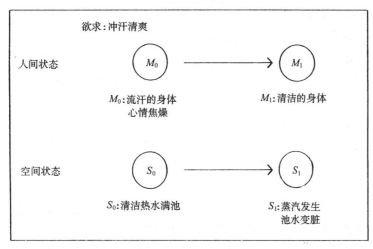

图 6.1 入浴行为模式图

在日常生活中这种状态的推移，有两种方法：一个是为了改变状态，直接对空间进行机能改造，使之发生变化的主动方式；再一个是从人的方面着手，为了适应空间而进行自身状态改变的被动方式。例如一个家庭，因为生了孩子，对原来比较狭小的住房提出了扩大的欲求，为了解除困难而进行对建筑物的扩建改建，这就属于主动方式；也可以放弃原住房，搬迁入比较理想比较大一些的新住房，这就相当于被动方式。

要完成某种行为，就必须具备相应的空间，空间与行为是相互对应不可分离的统一体。

连续的行动则构成行为，若对行为的内容进一步深入分析会发现，会有多种行为目的而具有共同或相同的身体状态的现象。如当从某一地点向另外一地点步行移动身体时，这对于购物行为和通勤行为都是一样的，也都是需要的。像这种不带有具体欲求，一般身体状态的移动或改变，我们称之为"行动"；而"行为"则表示行动的时间系列地连续集合，并实现某种特定的目的。"行动"也是由几个"动作"集合而成的，如步行行动，可以分解为脚的运动和手臂的前后摆动。就是说，身体的部分活动可称作"动作"。

综合上述讨论的结果，我们可以看到：

（1）动作：是人体的部分运动，可以根据身体状态的变化进行评价（如眼球运动、手指的屈伸等）；

（2）行动：是指人体的全部状态的变化，可以根据动作的集合进行评价（如步行、停步、着席等）；

（3）行为：带有目的性行动的连续集合而成为行为。

动作与行为相比，前者比较偏于生理的、身体的；而后者行为则是意志决定的，多半含有精神的内容。虽然针对空间计划的人体功效学也研究行为，但是着重从动作方面进行研究；而行为科学的研究，则着重从行为方面进行研究。两者研究的着重点有所区别。

二、行为与空间的对应

在这里所涉及的行为范围，在人们的生活（行为）与空间之间存在着十分密切的相关关系，当然并不局限于像投机行为、求爱行为那样，只将人与信息之间或人与人之间的关系作为行为展开的对象；那么人与空间发生关联的行为又是怎样展开的呢？对于这个问题的探索，从建筑设计和城市设计的角度来看，可以采用"逆向"研究法，即通过观察现实行为处理不当或失败的实例，分析其因果关系，便可找出正确答案。

例如像火车站排着长队的售票处，在这里由于排长队又使人流通道受阻，造成拥挤混乱；再如一些大型火车站的出站口，在检票时，也出现排长队，拥挤混乱现象。利用类似这种行为处理不当的空间，仔细观察在这种环境下人们所表现出来的各种行为，找出处理不当的"逆向"行为模式，反过来就可以摸索出设计上的合理因素，找到克服拥挤现象的正确答案。

除了前例以外，在下面一些空间里也可以看到行为混乱、处理不当的状况。

(1) 在火车站自动售票机与剪票口之间人流的混乱；
(2) 电影放映终了时在电影院出口处的人流混杂；
(3) 超高层建筑中商业街分叉口处人流的混乱；
(4) 去站前公共汽车站的人流与自行车寄存场地的混杂；
(5) 大型医院的前厅，当人们找不到挂号室、药房、诊室时的混杂；以及探望病人找不到病房时的急切心情；
(6) 被铁路或高速公路分割的南北或东西区域的连系通路处的混乱等等。

从这些例子可以明显发现，所谓行为处理不当的空间，或者说行为的混乱，是有促成混乱的因素存在的，而且出现混乱现象还有一定的规律性，多出现在人流高峰的时段。

有的原始规划设计就存在潜在的缺陷，预计的空间不足；缺少必要的分散配置，通过分散分流；缺少空间信息导向，或者导向失效。这些因素在设计计划阶段就要预先适当考虑，对人在计划的空间里怎样进行活动，预先能进行正确的预测，就可以避免建成后许多混乱情况的发生。

下面介绍决定建筑计划成败的五个因素。凡行为处理失败的例子，都是由于在某些方面处理不当而引起的；反之，如对这些因素的每一项都考虑了行为内容与需求，就抓住了解决问题的关键。

(1) 机能（存在）计划；
(2) 规模计划；
(3) 配置计划；
(4) 流线计划；
(5) 经营计划。

以火车站候车厅为例，对应这五个因素，进行分析。为了消除剪票口附近的混乱，在有明确信息导向标志的剪票口前，为旅客提供充分的候剪空间，这就属于（1）存在计划；使售票厅面积放宽，增加售票窗口数量，则是（2）规模计划；假若将售票窗口的位置和剪票口的位置变更，或者改变入口的位置，使之更趋合理，符合人流行为需求，则相当于（3）配置计划；按照人流去向整理人流，使之具有明确的方向性，减少不同去向人流的交叉，这是（4）流线计划；提倡错时上班、上学，提前计划安排疏散人流，避免人流集中形成高峰，这就是（5）经营计划。

现代社会生活中，信息导向的作用十分重要，然而并不是处理得都很得当。某一大城市火车站，人们从站前很远处就可以望见醒目的第一候车室、第二候车室、第三候车室的招牌，但是却没有标示出行车方向。旅客还是要进入候车室之后才能弄明白各候车室的行车方向，这样的招牌就失去了导向意义。若当初用醒目的大字注明行车方向，岂不一目了然，免去了旅客的疑惑。

有的公共建筑，在每层电梯厅的出入口墙壁上标示出该楼层平面图、各房间的单位名称，甚至主要使用者的姓名；而在每一房间的门口边侧标示出名称和使用者姓名，这样来访者会准确无误找到，无须再询问目的地（彩图6.2）。

有的医院病房，在门口墙壁上标示出房间的平面示意图，用名牌代表床位，人们会一目了然患者床位，不论对探视者或对医护人员都提供了极大的方便，是非常巧妙的利用信息导向的实例。

也有本末倒置的反例。国内出版的一些挂历，本来是标示日历信息的纯信息产品，然而整个日历或月历页上95％以上的版面被各式明星照片或其他画作所占据，而有效的日历信息却被藐视，人们不走近画页甚至无法看清日历，岂不失去了挂历的意义。

更为严重的是，有的城市市内公共汽车停靠站，多条线路，多达 10 条以上集中停靠一个站位，经常发生多台汽车挤停车位，致使有的汽车无法按预定车位停车；也使搭乘汽车的乘客无法按预定站台候车，待汽车停站后临时匆忙找车搭车，往往发生人赶到了，而汽车已起动发车，使汽车运行行为与乘客乘车行为之间严重脱节，造成混乱，且蕴藏着安全隐患。

做为信息标志的沿街门牌，若不走近门前几乎无法辨认号数，对于现代城市生活，汽车充满大街小巷，车内人更无法辨认门牌号码，给正常的城市生活带来不便。在这里存在一个门牌字体大小与观察者视距之间的对应协调关系，不能不引起重视。

如上所述空间与人的行为，相互直接对应关系是很普遍的，明确两者之间的关系，对设计做出正确决定和评价是十分必要的。

三、人的状态与行为

人的行为是通过状态的推移来表现的。人的生活及其环绕它的社会，每日、每时、每刻都在变化，没有一时一刻处于相同状态。

这种状态变化，在生活不发生故障的时候是正常的，或者叫做平常状态；当这种状态在生活中受到某些影响时，则会变为异常状态。例如面对日常城市中通勤和上学的人群，突然有一天早晨看起来像冲锋似的紧跑，这时会感到发生了异常，其行为则进入了异常状态。

健康的家庭里出现了病人，这个家庭则会感到紧张，从正常状态向异常状态变化，而当异常状态进一步恶化，病情达到危险程度时，这就使家庭感到极度不安，进入非常状态，表现出恐慌情绪。

这样，人们在生活当中，存在着正常、异常、非常三种行为状态，并以各种形态表现其具有的行为特性。这三种状态，是由于使状态变化的环境因素、行为因素的连续不断的推移而产生的，这可以通过图 6.3 行为状态变化图解表现出来。

我们日常生活的大部分处于连续的正常状态之中（图中 a）；而来到混杂的商店购物时，由于按 b 推移向异常状态变动，不久购物完了离开商店乘上回家的公共汽车时，按 d 推移，可以看出又回到了正常状态。

三种状态之间推移所需要的时间，因人或者因其所处的状态性质而异。处于社会性的、经济性内容的行为时，其变化几乎是感觉不到的；而当地震、火灾、遭遇抢劫等突发性灾害危险发生时，人的状态是在极短的时间内向异常、非常状态过渡的（按 b、e 或者按 i 推移）；这时，再恢复到正常状态（按 f、d 或 h 推移）多半需要比较长的时间。

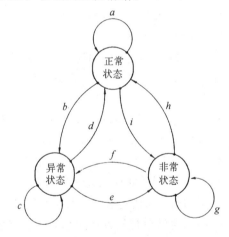

图 6.3　行为状态变化图解

第二节　行　为　特　性

一、行为的把握法

在上一节我们讨论了人的行为与空间关系的意义，那么怎样去把握人在空间里的行为？这是本节要回答的问题。

首先第一步，将行为分类。在这里主要考虑能够说明行为与空间的对应关系，并以行为研究作为主要内容，应从下列四个方面入手。

1. 行为在空间的秩序；

2. 行为在空间的流动；
3. 行为在空间的分布；
4. 行为与空间的对应状态。

所谓秩序，主要是指行为在时间上的规律性与一定的倾向性；流动，则是指从某一点运动到另一点的两点间位置的移动；分布，则是说在某处确保其空间位置，或者说是空间定位；对应状态，则是说以什么样的心境进行活动的心理与精神状态。

1. 空间的秩序

在具有一定功能的空间里，看到的所谓人的行为，尽管每个人都不一样，但仍然会显示出一定的规律性。例如，在交通终点站前（Terminal）广场停留者的行为，其中将近80%的人是在候车，这个数恰好发生在早晨上班前的一段时间内，形成候车滞留高峰时能够看到的人流量。

2. 空间的流动

在日常生活当中，按照行为的目的改变场所的行动是频繁可见的。例如在家庭里，从一个房间到另一个房间的移动；在公园里，从售票口→检票口→导游牌→游戏设施→休息处→别的游戏设施等一系列的移动。像这样由转移的行动所构成的序列流称为流动。通过观察可以发现，在空间里这种流动量和模式具有明显的倾向性，这就是流动特性。

人们重复沿着步行轨迹活动，表现出来的就是"动线"，亦称"流线"，这是表示静态特性。可以在这个基础上去把握流动途径、方向选择的倾向、途径的交叉点、建筑物出入口处可见的候等行列情况以及随着时间推移而不断变化的流动状态。

从而可利用在两个不同时间，观察位置移动的状态，把握流动特性；利用掌握的流动特性，就可能对计划的规模、配置、动线做出评价。

3. 空间的分布

人类情况，不像在动物界里"势力范围"划分的那样清楚，但是我们已经知道人们彼此之间的空间距离，相应于当时的行为内容是保持一定的。在一定广度的空间里，被人们所占据的某个位置，即空间定位，受到该空间构成因素（墙、柱、家具等）配置的影响，这是很明显的。掌握每个人的空间定位，即把握人们在空间里的分布，可以通过现场观察获得。如对交通终点广场、车站月台、旅馆走廊（Lobby）、校园等地的候等行为与休息行为进行观察，便可获得分布情况。其中停滞的状态是很多的，但是通过切取某个时间断面，观察处于流动状态的人们在空间分布方式，也能掌握其分布特性。

4. 与空间的对应状态

正如前面所讨论过的，根据把握住的作为状态变化的行为，就能记述人与空间之间的时间系列的对应关系。

在确定城市规模或小区规划时，就要注意下述情况，譬如住宅区本来是个具备舒适状态的生活地区，可是由于近年大量兴建新公寓，就出现了环境恶化向不舒适状态的变化。在这里不单是要掌握将来人口的发展、设施数量与负荷的增加，更要把握居民生活意识的变化，要把素质性的变化作为把握的对象。在计划建筑规模时，对处在火灾发生疏散状态下的居民，从发觉火灾到疏散到安全地点，把握这一期间的心理状态的变化，对估计恐慌状态下人同空间的关系是非常重要的。

二、人在空间的流动特性

1. 人的流动类型

在空间里移动着的人流，根据其流动的特性可以分为几种类型：

F1：目的性较强的移动人流；
F2：无目的性随意移动的人流；
F3：移动的过程（Process）即为目的的人流；
F4：停滞休息状态的人流。

F1是流动本来具有的，为完成主要目的的人流，如以通勤、上学为代表的两地之间的移动，其流动的方向、经过的路线是一定的，一般在空间上总是选择最短的路程。特别是它的方向性，随时可以清楚地观察到不同的线型。例如在城市中心，办公机关街区的交通设施站周围，早晨上班的时候，从检票口奔向办公室；反过来傍晚从办公室奔向检票口，都可以看到相当强大的人流，这就是F1的流动特征。

F2是没有确定的目的地，为完成另外的任务而随意移动的人流，其方向、经由路线没有一定的选择。在日常生活中所看到的许多人流，大体上都会有这种F2，不一定就选择最短的路线。有的索性就选择相互联系的（空间的配置）空间，以及在某些信号导演下而流动的空间。

F1的流动，因个人差别而引起的特性，比较起来不算太大；F2的流动，则由于性别、年龄、天气的关系，其流动线型会完全不同，这是F2的特性。

F3就是以旅游为目的的人流。这些人一到达目的地，就对途径的体验内容，努力寻找其丰富意义。经过的路线和顺序是计划上预先确定的，这种计划是否周密，对于经过途中的舒适性、意外性、景观和疲劳等这些心理上的因素具有重要的影响。

F4很难说是流动。在流动当中必然有要寻找的东西，有需要调节的人流，这是把握流动中某种状态的依据。在一系列的流动当中，F4是否会发生？其大小又如何？这个问题成为实际确定规模、配置计划的重要的甚至是决定性因素。

以上四种流动类型经过整理如表6.1所示。在日常生活当中，从追踪行为来看，这四种流动类型不会各自独立地被观察到，往往是几个交织在一起而出现的。

2. 表现流动的指标

流动是人们步行行动的中心。对这种步行行动进行观察，并根据对其进行定量性的表述，便可以说明流动的特性。

人的流动类型分类 表6.1

人流的内容	图像	行为	平均步行速度（m/min）
F1：具有行为目的的两点间的位置移动		避难、通勤、上学	80~150
F2：伴随其他行为目的的随意移动		购物、游园、观览	40~80
F3：移动过程即行为目的的移动		散步、郊游	50~70
F4：流动停滞状态		等候、休息、咽喉地带	0

步行指标可以通过对步速、步距、步数进行测定来表述。三者之间是简单的算数关系，测出两个值，另一个值就可以通过计算求出来，即：

$$步数 = \frac{步速}{步距} \times 时间$$

基本上用这三项就能够表现流动特性。而与空间的关系再引入几个指标也很方便。其中一个是表示流动集聚量的断面交通量（通过量），另一个用来表示流动状态的指标，称为流动密度或流动系数。

这些指标，在表现下面将要讨论的人群行为特性时是很有意义的。关于流动密度，约翰·杰·弗鲁茵给出了步行者空间模数（密度的倒数）的表现方法，因着眼于每一个人的数值来表现，所以用起来很方便。

流动系数，是表现人流性能的有效指标，它表示在空间的单位宽度、单位时间内能通过的人数，是最明确表示人们与空间对应状态的关键性数值。

前面已经提到的杰·弗鲁茵，对于这些步行路面按着通行能力分成6级，并按字母顺序从A~F予以评价，把它称做服务水准。在处理设计评价时，使用起来很简单。如在水平移动的步行路上，其服务标准确定，可按表6.2决定（美国的标准）。

步行路服务水准的规定 表6.2

服务水准	步行者空间模数 (m²/人)	流动系数 (人/(m·min))	状 态
A	3.5以上	20以下	可以自由选择步行速度,如在公共建筑、广场。
B	2.5~3.5	20~30	正常的步行速度走路,可以同方向超越如在偶而出现不太严重高峰的建筑。
C	1.5~2.5	30~45	步行速度和超越的自由度受到限制,交叉流、相向流时容易发生冲突。如发生严重高峰的交通终点,公共建筑。
D	1.0~1.5	40~60	步行速度受限制,需要修正步距和方向,如在最混杂的公共空间。
E	0.5~1.0	60~80	不能按自己通常速度走路,由于步行路可能容量的限制,出现了停滞的人流。如短时间内有大量人离开的建筑。
F	0.5以下	80以上	处于蹑足前进交通瘫痪状态,步行路设计得不适用。

在这里,对表现流动的指标进行整理后,成为表6.3,这些内容在行为调查中是经常要用的。

流 动 表 现 指 标 表6.3

内 容	指 标 名	单 位
人流量	断面交通量	人/d,人/h,人/min
人流速度	单独步行速度	m/min,m/s
	人群步行速度	
人流密度	流动密度	人/m²
	步行者空间模数	m²/人
人流状态	流动系数	人/(m·min),人/(m·s)
人流长度	步 距	cm
	步行距离	m,km
	步 数	步
	步行时间	s,min,h
人流经路	步行轨迹,动线	

断面交通量,是在单位时间内通过某一地点的步行者数量。掌握了这个,空间的利用图形就明确了,就能够评价步行道路的宽度、建筑物出入口的宽度是否合适。特别是在确定大型建筑物附近的步行道路宽度时,了解断面交通量、高峰发生的时间、达到的大小程度,这是十分重要的。

在这里提供两项调查观测实例:

在东京新宿车站西口的地下步行道,去副都心超高层建筑群的步行者流量,其时间变动情况见图6.4所示。从早晨8时40分到50分的10分钟内交通量高峰来看,这个期间观测到的人流量有2500人。

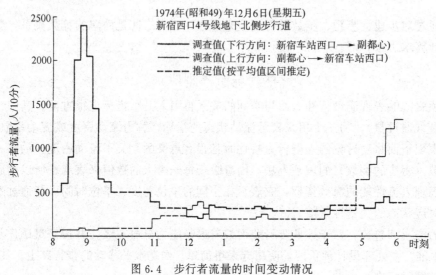

图6.4 步行者流量的时间变动情况

由于对一定区域内的所有出入口同时测定其断面交通量，就可以知道在区域内停留人数的变化情况，就有可能评价规模计划。图 6.5 所示的是某大学校园的进校者和离校者交通量的时间变化情况，从进校者人数的累计数中减去离校者的累积人数，就是校园停留者人数。从图中可看出，在这个校园中，午后 1 时到 2 时在校园内停留的人数为最多。

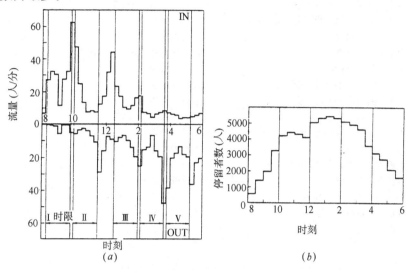

图 6.5 断面交通量的时间变动情况
(a) 进、离校园者的时间变化（正门＋东门）；(b) 校园内停留者的时间变化（正门＋东门）

关于步行速度，由于受到空间的规模、性质和环境等各种因素的影响，虽然有各种调查结果的报告，但是在一般情况下，成人的通勤、上学速度通常采用 80～90m/min（1.3～1.5m/s）；90m/min 以上比较急；80m/min 以下稍微慢，这样的速度成为大体上的步行标准。

步行速度与人流密度有直接关系，在这里列举的是水平自由步行速度，表 6.4 所示的是根据各种报告值的一部分汇总成的一览表。

步 行 速 度 一 览 表　　　　　　　　　　　表 6.4

等　　级	项　　　目	出　　　典	步行速度（m/min）
100～	快步步行速度	建筑资料集成	150
	自由步行速度的上限	步行者的空间	140
	急行者步行速度	建筑资料集成	120
	上班着急的人	沙布纳得：上班时（实测）	110
	青年的步行速度	Research on Road T.	107.3
90～100	男：未满 55 岁	Research on Road T.	98.7
	黑恩达逊观察男子的步行速度	国际交通论丛	96
	上班时女职员的步行速度	步行的科学	92
	上学时大学生的步行速度	从车站到校园（实测）	91.8
	男：15～40 岁平均的自然步行速度	步行的科学	91
	男：55 岁以上	Research on Road T.	90.7
	不快不慢的中等速度	沙布纳得：上班时（实测）	90
80～90	黑恩达逊观察女子的步行速度	国际交通论丛	85.8
	并行的步行速度	建筑资料集成	84
	在踏实了的土地上的步行速度（女学生）	步行的科学	83
	女子：未满 50 岁的步行速度	Research on Road T.	82.7
	上班时的步行速度	新宿西口地下道（实侧）	82.6
	男子步行速度	汽车终点站、铁路站：纽约	81
	男子平均步行速度	步行者空间的研究	81
	悠闲自在的速度	沙布纳得：上班时（实测）	80
	一般通勤、上学时的步行速度	步行的科学	80

续表

等 级	项 目	出 典	步行速度（m/min）
70~80	集体步行速度	汽车终点站、铁路站：纽约	79.5
	男、女：平均的步行速度	步行者空间的研究（实测	79.5
	女子：50岁以上的步行速度	Research on Road T.	77.3
	混凝土地面上的步行速度（女学生）	步行的科学	77
	女子的步行速度	步行的科学	76
	女子的步行速度	汽车终点站、铁路站：纽约	76
	一般的男子步行速度	步行的科学	75
	50岁后半期的自然步行速度	步行的科学	73
	下班时女职员的步行速度	步行的科学	71
60~70	儿童：6~10岁的步行速度	Research on Road T	67.1
	男子60岁后半期的步行速度	步行的科学	64
	郊游时的步行速度	步行的科学	60
	手提购物包的家庭主妇步行速度	步行的科学	60
	步慢者步行速度	建筑资料集成	60
50~60	70岁后半期的步行速度	步行的科学	55
	推童车走路的步行速度	步行的科学	55
40~50	自由步行速度的下限	步行者的空间	45
	领小孩走路的妇女	Research on Road T	42.9
	人群状态流动量最大时人流速度	国际交通论	40

三、人在空间的分布特性

对在站前广场等地候车的人群进行观察，会看到其停步站立的位置，表现出一定的规律性。人们是从哪里集中的？占据什么位置（空间定位）？这在空间上呈现出来的就是分布图形。在建筑物里，被包围的开放空间和站前广场等地都可以观察到这种图形。

人的分布图形，在比较狭窄的空间呈线性分布；在具有较宽阔的空间里，则呈现面状分布，经常存在这样两种分布形态。

线性分布——步行道路（小巷）、住宅区走廊、电车的座席、车站月台。

面状分布——广场、建筑物内的门厅。

从分布的形态，便可以看出一定的倾向，这就是在空间中大体上呈现等距离的、比较规整的排列情况和不规则任意散布的情况。将这种情况进行整理，则成为表6.5。

人在空间里的分布图形　　　　　　　　　　　　　　　表6.5

分 类	图 形	行 为
聚块图形		井边聚会、儿童游玩
随意图形		步行、休憩
扩散图形		朝礼、授课

在建筑空间里，大部分呈现聚块和任意（胡乱）分布的图形。而每个人的分布，究竟是处于聚块还是处于任意分布，则取决于空间构成要素和同他人的距离两个因素。

第三节 人的行为习性

人们在日常生活中，或在社会生活中，常常带有各自的行为习性，当成为集团时，则以人群的习性表现出来。以前曾有许多研究者对行为进行调查，指出了作为行为特性的习性问题，后来由户川喜久二将其整理如下。所谓习性，就是表现出的某种惯性，习惯成自然，变成了大多数人都存在的某些共性。

一、左侧通行

在一般的城市街区，以及公路运输的交通规则都是右侧通行，这是为了遵守面对汽车而制定的交通规则；然而在没有汽车干扰的道路和步行者专用道路、地下道、站前中心广场等地，当人们步行时，可以看到自然地变成了左侧通行。

一般的人流，在路面密度达到 0.3 人/m² 以上时，则常采取左侧通行，而单独步行的时候，沿道路左侧通行的实例则更多。

商业设施、观光设施的配置，直接同营利发生关系；在火车站候车厅、过厅等地必须流畅的疏导人群，从安全方面着眼，设计也应考虑左侧通行的习性。

二、左转弯

在公园、游园地、展览会场等处，从追踪观众的行为路线及描绘的轨迹图来看，很明显地会看到左转弯（逆时针方向）的情况比右转弯要多得多。图 6.6 是在东京都内游园地获得的调查结果，进门后游览者奔向右方者比奔向左方者要多近 2 倍，这说明游览者以左侧观赏对象为中心，绕中心逆时针转弯游动。

在电影院不论入口的位置在哪，多沿着观众厅墙壁成左转弯方向前进。从图 6.7 所示的调查结果来看也是很明显的。此外，作为建筑物内部情况也一样，图 6.8 所示是某美术馆内观众动线图，其中左转观众是右转观众的 3 倍。

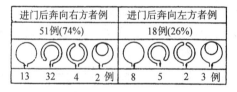

图 6.6　游园地左回转人数

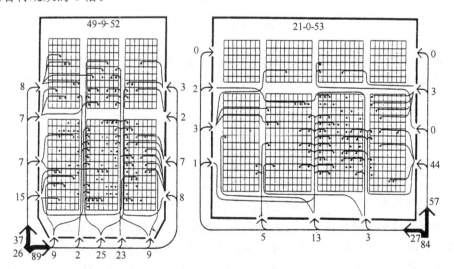

图 6.7　电影院内左回转

棒球垒的回转方向，体育比赛跑道的回转方向，速度滑冰等，在运动中几乎都是左回转，这是否说明人们的右撇较多，比较强的右侧为了保护比较弱的左半身所具有的自然本能。

这种右强左弱的本能，对于安全疏散楼梯很有意义，当下楼时构成左向回转的方式，则具有安全感，并感到方便，从实测经验比较来看，左向回转楼梯比右向回转下楼速度要快一些。

三、抄 近 路

在任何情况下,人们都不喜欢舍近求远,在清楚的知道目的地所在位置时,或者有目的的移动时,总是选择最短的路程。大至出国旅行,人们总是要挑选路线最短、时间最省、旅费最少的路线;小至通勤、上学人们也会无意中选择近路。

在交通繁忙的交叉路口可以作为人们抄近路习性和有效利用空间的最好例证。在这里人们不论对人行天桥还是地下道评价都是不佳的,总感觉不但要被迫绕远到指定的位置,而且上、下天桥楼梯或地下道要消耗能量,所以在这些地方人过横道与交通管理者的意愿是相违背的。甚至有些过路人,不顾安全跳越路障,穿梭于车流之中;有些缺乏公众道德意识的人,竟不顾对绿化环境的破坏,横穿草坪,……。有的国家如日本十字交叉路口处的人行横道斑马线,采取对角斜穿的方式,则缩短了路程,较符合人们抄近路意识。在过长的绿地留出适当的人行甬道,看来是受欢迎的。

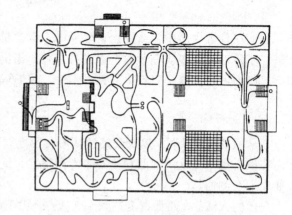

图 6.8　美术馆内动线图

四、识 途 性

当不明确要去的目的地所在地点时,人们总是边摸索边到达目的地,而返回时,又常追寻着来路返回,这种情况是人们常有的经验。在行政机关的大型办公室里,当你追踪初次来访的外来者行为时,你会发现他进来时到各个桌前询问,而回去时仍按同一路线返回,甚至会从进来时同一个门走出去。从前述的图 6.6 的行为轨迹也可看且,沿着同一路线进出游园的例证是很多的。

一般情况下,动物在感受到危险时,会立即折回,具有沿着原来的出入口返回的习性,而人类可以说也是一样,将这种本能称做"识途性"。老马识途,甚至猪也具有找回家的本能。当灾害发生时,本能的行为特性之一就是归巢本能,首先想到的是"归家",这也相当于识途性。为了保卫自身的安全,选择不熟悉的路径,不如按原来的道路返回,利用日常经常使用的路径,便于安全逃脱。

五、非常状态的行为特性

由于突发性灾害,如地震、火灾、空袭、战火、抢劫,人们事先无任何思想准备,立刻处于非常状态下,除了具有前述的习性之外,还具有突发性的特性,使人们陷入惊慌失措之中,这时人们具有:

躲避本能;

向光本能;

追随本能。

就是说,一些人当发觉灾害等异常现象时,为了确认而接近,一旦感觉到危险时由于反射性的本能,会不顾一切的从现场向远离的方向逃逸,这就是躲避本能。

其次,由于火灾黑烟弥漫,照明中断,眼前什么也看不清的时候,或者处于黑夜,人们急切希望看到光亮的时候,一枝火柴微弱的光亮也会导引,成为人们移动的方向,这就是向光本能。

在非常状态下,大多数人容易陷入惊慌失措,缺乏镇定和冷静判断的能力,多出现盲目追随的倾向,甚至争先恐后不计后果的逃生。这种追随带头人的倾向,随大流的倾向,就是追随本能。在追随的过程中,他们并不去考虑是否值得去追随,而具有盲目性。在这种情况下带头人冷静的判断力是十分重要的。

在某一大城市的某宾馆,80 年代曾发生一次重大火灾,某客房的一位宾客从楼上窗口下跳逃生,接着第二个、第三个、……也追随下跳,可他们并没有料到后果惨重;而另一客房的客人,则临危不惧,遇事不慌,把床单撕成布条,连接起来结成节,捆绑在窗子上,人们沿布绳下落到下一层楼,则无一伤亡,经了解这位后者宾客来自多地震的国度,素有训练,而前者则缺少这种素养。

对于非常时的行为习性，在设计和经营管理上都应充分予以关注。20多年以前，在我国西北某县镇，曾发生一起伤亡近800人的惨痛火灾。一个容纳1000人的俱乐部，舞台电影屏幕背后放置大量废弃花圈，一顽童在俱乐部内点燃烟花，烟花直冲花圈，瞬间引燃了舞台，人们匆忙向外逃逸，不幸的是所有窗口都加了金属护栏，上千人的俱乐部只有一个检票的入口，其他门都被锁上，而唯一的一个入口门扇居然向内开，慌乱的人群拥挤，使门无法打开，结果酿成了难以想像的大祸。

就在1997年某城市一家宾馆，发生火灾后造成多人伤亡，其中包括服务员。楼上的客人被带领到疏散楼梯，沿梯下到一楼，然而一二楼之间却被加锁的栅栏隔死，几个人无法出去在这里窒息身亡。

有些单位或建筑物的管理部门，心存侥幸，图管理方便，经常将备用的疏散口封闭关死，这是极大的错误，一旦发生紧急意外，后果将不堪设想。

第四节 人 群 行 为

一、人群行为的把握

在观察人群行为时会发现，在后者追随前者的个人行为过程中，就在不知不觉地接受他人的影响；人群聚集的密度越高，影响就越突出，其表现出来的已经不是原有的各自的特性，而是作为集团整体的统一的特性了。

像这种人群特性，在火车站、电影院、观光地、通勤路上等都是可以看得到的。而且在这样的空间把握作为人群特性的人们的行为是最恰当的地方。在这里，人们所处的状态，异常或非常情况经常会表现出来，这就是在设计上为了预防人群灾害，应考虑的安全性的一些问题。

所谓人群的特性，终究是个人特性的集聚，既表现了大多数人共有的习性，又有构成人群以后可以观察到的统一的特性。

作为人群，像通勤人群、购物人群，其行为目的、内容尽管有些不同，但是在时间上却有与他人偶尔相遇的性格。再如，像春节的团拜人群和娱乐人群，尤其是特殊情况下的避难疏散人群，大家都怀着一个共同的目的。上述这些人群在性格上各自都不完全一样。

向一个方向连续步行的人群，称做人群流，在人群流的人群密度与步行速度之间存在一定的关系。这种特性在空间设计上会发挥重要作用。另外，恐慌（Panic）现象也是可以观察到的，这是在非常情况下人群特性的最显著的一种现象。

二、人群行为特性

1. 人群步行速度与人群密度

木村幸一郎（日）很早以前（1937年），就对建筑物内人群流动状态进行观察研究，他认为"速度与密度之间，具有类似于流体的粘性系数与速度之间的关系。在某一密度以下时，密度的提高随之而产生的速度下降并不明显；但是当超过某一密度时，随着密度的提高速度明显下降"。所谓某一密度，是指1.2人/m²左右，在后来的调查研究中，也都采纳了这个观点。在这里：

$$速度 = 1.1 \times 密度^{-0.7954}$$

作为流动系数（速度×密度）随着密度而单纯增大这一点必须考虑。在这将约翰·杰·弗鲁茵的步行者空间模数（密度的倒数）与步行速度的关系，用图6.9表示出来。

空间模数与流动系数的关系，如图6.10所示，从这里可以很清楚地看出，就速度×密度而论，当密度增大时，流动系数不一定单纯增加。

根据户川氏关于人群流的调查报告：

一般通勤人群的步行速度为78m/min（1.3m/s），人群流动系数为102人/m·min（1.7人/m·s）；

购物人群的步行速度为60m/min，流动系数为78人/m·min。

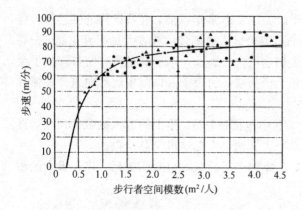

图6.9 步行速度与人群密度的关系

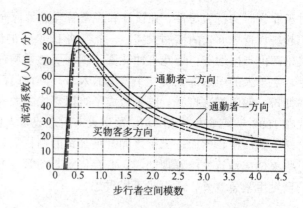

图6.10 流动系数人群密度的关系

报告还指出，步行路面的人群密度达到0.3人/m²以上时，左侧通行的习性会很自然地显现出来；在人流中，由于同别的协调性与冲突性反复出现，人群会形成多个块状图形。尤其是人群步行速度，在身份相同的集体里，正好比较平均；在身份上存在上下级关系时，具有向高的一方协调的倾向；在家庭关系上，则具有向老人和孩子等弱的一方协调的倾向，这里表现出尊老携幼的文化传统意识。

2. 人群流的解析

户川氏在人群流特性、设施的规模和配置计划的应用研究成果中，特别是根据观察人群流中集结、流出、滞留相互联系的三种现象，按定义推导出了人群流计算的理论公式，这是直到今天在筹划安全疏散计划、确定通路宽度及出入口宽度时，仍被采用的理论依据。

这个理论公式，如图6.11所示，在人群流中设任一点P，向P接近的人群称集结人群，过了P点离去的人群称流出人群。在P点交界处，每秒钟集结、流出的人群数有变化时，在这里将发生滞留人群。

以N代表人群流出系数，以V代表步行速度，以B代表开口部位宽度。于是：

集结式 $$y_1 = \sum_{i=1}^{n} \int_0^T N(t) B_i(t) dt$$

式中 $t<t'$——到达出口的最小时间时，$N(t)=0$；

$t>t'$——到达出口的最小时间时，$N(t)=1.5$。

流出式 $$y_2 = NB(T-T_0) + \alpha$$

式中 T_0——稳定（进出平衡）人流出现时间；

α——达到T_0时的集结人数。

滞留式 $$\psi = y_1 - y_2$$

安全疏散（避难）时间：$T = \dfrac{1}{NB}(Q-\alpha) + T_0$

式中 Q——人群总数。

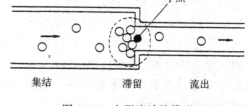

图6.11 人群流计算模型

可用上述各式来表示集结、流出和滞留三种状态，为了求解最终安全疏散（避难）时间，可采用下列实用计算公式：

$$T = \frac{Q}{NB} + \frac{K}{V}$$

式中 K——到达最近出口的距离。

按图6.12所示建筑平面，采用上述公式计算来自室内的人群疏散时间：

式中 取 $N=1.5$人/m·s（水平移动）

$N=1.3$人/m·s（楼梯移动）

$V=1.0$m/s

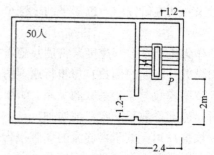

图6.12 人群流计算用的平面图

所以　　$y_1 = \int_0^T 1.5 \times 1.2(t) dt$

$t < 4$ 时　$1.5(t) = 0$

$t \geq 4$ 时　$1.5(t) = 1.5$

$y_2 = 1.8 + 1.3 \times 1.2(T-4)$　$T_0 = 4$

$\psi = y_1 - y_2$

$T = \dfrac{50}{1.3 \times 1.2} + 4 \approx 36$ (s)

理论解法的计算例　　　　　　　　　　　　　表 6.6

T	y_1	y_2	ψ	T	y_1	y_2	ψ
0	0	0	0	10	12.6	9.36	3.24
1	0	0	0	20	30.6	24.96	5.64
2	0	0	0	30	48.6	40.56	8.04 T_{max}
3	0	0	0	31	50.0	42.12	7.88
4	1.8	1.8	0 T_0	32	50.0	43.68	6.32
5	3.6	1.56	2.04	33	50.0	45.24	4.76
6	5.4	3.12	2.28	34	50.0	46.80	3.20
7	7.2	4.66	2.52	35	50.0	48.36	1.64
8	9.0	6.24	2.76	36	50.0	50.0	0 T_e
9	10.8	7.80	3.0				

三、恐　慌

与建筑计划直接发生关系的恐慌现象，可在灾害发生时的疏散行为中见到。例如在突然受到强烈地震袭击的时候；同"失火啦!"的惊叫声一起，看到浓烟滚滚和火柱冲天的时候；或者人群数量大增，从安全出口怎么也挤不出去的时候，人们会表现出意想不到的，失去平日镇静的行为，以致出现不顾一切的，盲目追赶在别人后面的行为，这种状态就是恐慌，是人群性恐慌。

人群中的恐慌，尽管对社会性影响不大，往往是局部的、小规模的，但也会发生直接的人身伤亡，有时会造成许多人的牺牲。

对于人群恐慌，对它的发生与发展结构，户川氏做了如下一些说明：

（1）对业已集聚的人群发表了不确实的消息或谣言，然后又在下面扩散传播给更多人，使人群发生恐慌。

（2）由于传播，使许多人笼罩在共同的不安状态中。如期待新消息，或者感到绝望以及发生谣言的时候；人群密度进一步增高的时候，会使恐慌发展。

（3）人群密度的增高，使个人丧失理智，单纯感情化，更增强了恐慌不安感。

（4）有少数人由于受不安、恐怖的折磨而恐鸣，或者引发冲动行为，冲突（极端、直接、简单化）行为使恐怖加深。

（5）少数人的冲突（极端、直接、简单化）行为成为导火线，引起人群全体的共鸣（响应），导致了总崩溃（失控）的状态。

作为对恐慌的处理对策，大致可以采取下述三种措施：

（1）尽可能使之不出现恐慌状态；

（2）使尽可能缩短恐慌状态持续时间；

（3）尽快脱离恐慌状态。

这三个方面的措施，可以用人们所处状态的迁移图来说明，图 6.13 表示所处状态变迁程序。

图中 1 和 2 的措施，从建筑计划方面着手是可以处理的。例如，预料到人群的集聚，在疏散出口的开口部位，设计时采取大一些；在其前面确

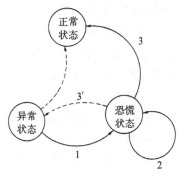

图 6.13 对恐慌状态的处理过程

保足够的空地，使人群密度降低；在安全出口附近设出口位置指示标志，以告知群众等等，可以制定出避免出现不安状态的建筑计划。

为了从3的恐慌状态恢复到正常状态，即恢复到1、2状态，要有适当的信息给予诱导。在火灾发生的情况下，灭火、救护作业的开始，会给人们带来安全感，这是很需要的。尤其是在恐慌的人群中，包含有能对群众善于诱导的带头人是很起作用的；但是反过来，作为人群安全疏散时的特性，带头人和大多数人一样也都有"随大流"的倾向，所以一旦搞错，反而会使灾害扩大，这种可能性也是存在的。

这样看起来，恐慌的心理就是对所处的状态不知道什么时候能够摆脱的不安心情，就是希望尽快推移到正常状态的焦急情绪。这不是自我判断出来，而是大家采取的互相追随的行为。动物的集体自杀现象，极端情况下，人们一个接一个地不加思索的从窗户跳下去的行为的发生，往往就是这种原因造成的。

这种不安情绪的叠加或诱发是使灾害扩大的原因。发生灾害，处于异常状态中的人群，突然一声女人的惊叫，会使全体人员立刻陷入绝望和不安之中，一齐经过1的程序而到达恐慌状态。

第五节 行 为 模 式

1. 行为预测

由于对行为进行观察，可以获得人在空间的行为记录，对这种资料进行分析，就可以明确行为特性，掌握行为特性，是制定建筑计划的基础。虽说这种行为资料多数只表示某个特定场所的特有特性，将它广泛地应用于制定新的建筑计划时，不一定会完全适用。尽管如此，在设计进行时，对建筑物建成后使用者在什么地方会形成人流，在什么地方会滞留，首先能够预见是很重要的。根据行为预测，事先发现空间流程在什么地方不顺，就可以进行修改和调整。此外，在同时提出两种以上计划（设计）方案进行比较时，不能像以前仅仅考虑建筑成本和美观；哪一个方案对使用者来说更方便、更安全，这才是首要因素；当进行客观评价的时候，也需要对人的行为能够进行预测。

正由于使人的行为特性模式化，才使行为预测成为可能。当然也为建筑计划的确定或者方案评定，提供了可靠的方法。

2. 行为模式的考虑方法

所谓人的行为模式，并不是按照和现实生活中的人完全一样的反应进行，而是考虑根据现象尽可能的予以简化，采取近似状态。

对人的行为进行模式化处理，通常有两种观点。一种认为，人们的行为是由一个人一个人的意识决定的，用一般的方法模式化，甚至于连决定意识的程序都难以做到；另一种认为，像数字、音乐那样的逻辑思维和创作领域尚且都能抽象化，在人的生活领域肯定会有行为习性，找出这种习性并对其进行抽象化、简单化，这就是进行行为模式化。

本书就是按后一种观点的考虑方法进行讨论的。在这里，所谓的人的行为定义，即"作为信息处理机构的人，从行为所在领域的空间选择或者被强制接受各种各样的信息（刺激），并进行一定的信息处理，从而确定自己的欲求和行为目标（反应），为了使自己从所处的状态向充分满足目标要求的状态推移，而对空间所进行的工作（行为）"。

并且，还认为人们的情绪，以至于思考的程序是不能全部模拟的，只能抽出与空间关系比较密切的部分进行模式化，在有限的范围内进行考察，这就是对于人的行为模式的一般考虑方法。

3. 行为模式的分类

一般的模式，按其目的、抽象化的方法、记述的方法、适用对象等，可以分成几类。

空间里人的行为模式，按其目的性经常可举出以下三种，分别称为再现模式、计划模式和预测模式。

(1) 对实际空间进行观察，并尽可能忠实的描绘和再现行为的模式，就是再现模式。

(2) 为了确定计划的方向性和设计条件的模式，就是计划模式。

(3) 为了预测计划实施时的空间状态的变化和行为模式的变化，这种模式就是预测模式。

作为行为模式的表现方法，有应用数学理论和方法的数学模式和利用电子计算机语言来记述现象的完全模拟模式。除上述两种代表性的方法外，最近又有了对包含难以计量化的心理学内容的现象，用语言来记述的语言模式、可供应用。

从行为内容出发对行为模式进行分类，同第二节行为特性中行为分类相对应，大致可分为四类。这就是：
(1) 秩序模式；
(2) 流动模式；
(3) 分布模式；
(4) 状态模式。

这里的秩序模式就是对所需设施进行预测和对使用者人数进行估算的静态解析模式。以前所进行的对"建筑物的使用研究"就是其代表。

与此相对应，作为伴随人流而变化的动态模式，就是流动模式和状态模式。

由于近年社会上对灾害发生时的安全疏散和行为预测的需求增加了，因而促进了对这些模式进行研究。在进行建筑物设计时，分布模式不仅可用来把握单体建筑物，而对建筑物周围环境，特别对建筑物与建筑物之间形成的开放空间，高层建筑的底层广场，在这些地方如何设计得舒适漂亮，也可以应用分布模式来解决问题。

关于"秩序模式"、"流动模式"、"分布模式"和"状态模式"已单有论著进行讨论。

第七章　社会文化环境

我们已在前面章节讨论了环境的基本构成、人体感觉器官和近身环境等等，这些内容还局限于近身的微观环境，毫无疑问，讨论这些内容是必要的，也是有益的。而本章要讨论的则是对微观环境起控制影响作用的宏观社会文化环境。社会文化环境对人的心理素质的影响远远大于近身的微观环境。

第一节　政　治　环　境

"解放区的天"是50年代广泛流行于中华大地，家喻户晓人人会唱的一首群众歌曲。这首歌曲充分表达了解放后人民的欢欣与喜悦。经历过反动政权统治的劳动人民迎来了晴朗的春天，天地变了，当家做了主人，每个人都喜气洋洋，国家开始欣欣向荣。这首歌曲正是当时政治环境的真实写照。

良好的政策营造了良好的政治环境，良好的政治环境，培育了良好的社会风尚，也造就了雷锋、焦裕禄、王进喜等一代新人。

在动乱的"文化大革命"中，人人在忧郁中生活，面对沉重的政治压力，有理无处伸的桎梏环境，使许多人郁积成疾。

70年代末期，中华大地迎来了第二次解放，彻底纠正了"以阶级斗争为纲"的错误路线，从根本上改变了束缚人们手脚的政治环境。

自此国家逐步进入了依法治国，依法行政的新的历史时期，法制建设不断完善，国家政治生活走上正轨，人民民主得到了保证，言论自由、政治平等、法律平等得到了充分体现，人民群众建设国家的积极性得到充分调动。

这种生动的现实，从客观上证明了新的政治环境，带给人们的新的民主生活，给人民群众提供了充分发挥创造智慧的自由。正是由于新的政治环境，才为建筑师提供了建筑创作的新天地，使我国建筑创作水平，步入了先进国家的行列。宽松自由的政治环境，为发挥人们的创造智慧提供了充分的可能。

第二节　经　济　环　境

经济是社会基础，政治是上层建筑，当政治环境改变，必然会影响经济基础。新的政治环境解放了生产力，自然会促进经济的发展。

早期处于自然经济时代，农民不仅自己种地生产粮食；而且还要种棉花、养蚕，纺纱织布缝制衣服；要自己动手盖房子，制造车船和工具，一切都自给自足，疲于奔命养家糊口，难以有多余的时间和精力从事生产以外的活动。这就是几千年来作为社会基础的主体，农民生活实态。这种恶劣的，低生产效率的经济环境，迫使广大农民无力也无暇从事文化活动。

计划经济时代，一切经济生产活动都由行政主管部门按计划下达任务，看似很科学，似乎避免了盲目性。各级行政主管都是按上级指示当成政治任务层层下达。这就使一切生产活动，从农民生产粮食，到工人制造工业产品，都是由行政主管部门决定的，使各种生产都是按主观意志决定的，完全不顾市场需求和客观规律，甚至违背农时，给国民经济造成严重困难。

当由计划经济转向市场经济，实行改革开放政策以来，经济形势发生了根本性的变化。割断了行政部门对生产部门的干预，放手让生产者按市场需求自行决策。这就解除了给生产部门长期披带的枷锁，生产力得到了解放，农民可以自行决策生产品种；企业按市场需求制定生产计划；再不会生产市场根本不需要的积压产品。由于市场开放，通过竞争，引进先进技术，促使产品不断更新和提高质量。改革开放20年的成就，完全表现在现实的商品市场上，真可谓是历史上从未有过的市场繁荣、应有尽有，人们的衣食住行都发生了巨大的变化，生活水平有了巨大的提高，这就是改革开放后的现实经济环境。

这种经济环境为建筑事业的发展带来了从未有过的机遇。建筑行业是国民经济发展的三大支柱之一，一切建设都离不开建筑行业，开放的市场、繁荣的经济，为建筑事业提供了丰富的物资基础。各地城乡都在进行大开发，大建设，现代化的高楼大厦平地而起，成片成街的住宅改变了城乡面貌。现代城市与现代新农村用高架桥、高速公路彼此相连，短短20几年就拉近了落后的中国与先进国家的距离，在有些领域不仅达到甚至超过了国际先进水平。新的政治环境所开辟的新的经济环境，同时也改变了人们的观念，人们的思维、人们的意识都反映出改革开放的特征。

不仅在建筑创作意识上突破了传统观念，在瞄准世界先进水平，连普通百姓生活上也在追求现代化。仅仅几年时间，室内设计与装修就成为家喻户晓的生活内容，而且品味越来越高。这一切都是由于新的经济环境改变了人们的传统观念，也提供了新的材料、新的技术，才使理想可能变为现实。

作为个人成长而言，其家庭经济环境也是物资基础，没有必要的经济条件，就等于被剥夺了从事文化教育活动的权利。有很多智力聪敏的儿童，在其成长期由于家境困难没有接受应当接受的教育，致使不能摆脱无知愚昧的境地。近年我国社会各界对贫穷落后边远山区的儿童，献出爱心关怀，资助创办希望小学，为儿童提供接受教育的机会，这是一项意义深远的义举，是在改变人生的道路，是在提高民族素质，是在缩小落后地区与先进地区的差距，是富民强国之举。

家庭经济环境的差异性是客观存在的，而且将永远存在，不可能要求每一个人都享有完全平等的经济环境。有的人家庭经济条件优越，有的人经济条件则比较困难，这种所处经济环境的差异也会反映在人的素质和行为上。但是并不一定经济条件好的人，其素质就一定好；反之，经济条件差的人，素质也不定就差。我们知道人的素质，不仅与环境有关，还与个人主观学习努力有关。俗语说："寒门出贵子"，"穷人的孩子早当家"都是说家境贫寒的孩子反而早懂事，早替大人分忧，在苦境中成长，反而会奋发图强，努力改变自己的境遇，完成一番大业。这里蕴含着苦其筋骨、励其心志的对人的磨练法则。逆境与挫折对人的成长并非坏事，有助于面对未来的各种挑战。反而在娇生惯养的环境中成长的孩子，从小就穿名牌、吃名牌、坐名牌，离了名牌就会不知所措的人，对未来恐怕难负重任。

第三节 文 化 环 境

任何集团，任何个人，都无例外的沐浴于某种文化体系之中，当代的中国人既受传统文化控制，又接受现代文化影响，各个民族、宗教人士又各具各自的文化特征。

我们这里讨论的文化，泛指精神领域的一切现象总和，但主要侧重于人们的意识观念。是社会上人与人之间都能沟通理解，而又共同拥有的意识体系。

文化不仅靠学校对学生进行传播，社会的各个方面无时无刻不在向每一个人传播文化。社会传统观念、社会风尚、社会习俗，都在以不同的方式向社会传播扩散。学校教育、电影、电视、文学作品、音乐、戏曲……这是有形的文化传播；还有一些渗透于各个领域的无形传播，它们都在潜移默化地刺激影响人们的精神世界。在这些文化传播中，既有积极的主流内容；也有消极的不可忽视的成分。

文化环境在培养提高民族素质方面具有极其重要的意义。必须共同营造一个良好的文化环境，这个文化环境在塑造一代新人中必须发挥积极的导向作用。人类对自己必须有所要求，有明确的目标，而不能放纵、放任、任其自然。

一个国家、一个社会要维持正常的社会秩序，就要制定全社会每个成员共同遵守的规则，这就是宪法和法律以及相应的规章制度；在宪法和法律的保护下实行人民民主自由，国家依法治国、依法行政和人民依法行使民主自由权利。

在某个大学集体宿舍中，一位青年学生在拉小提琴，而其他几位同学正在睡觉，当别人向这位拉小提琴的同学提出意见时,该同学回答说:你睡你的觉,我拉我的琴,各人有各人的自由……,在这里还构不成违法。这个生活小例,说明了在自由与法律之间还存在中间环节,这就是社会道德规范。如前例所说,若拉琴的青年具有较高的道德观念,多从社会效果考虑问题,就不会发生上述矛盾了。

在我国,法制还不能说十分健全,还处在不断完善、不断健全的过程中,即便将来到了十分完善的程度,仍然不能包罗一切,社会道德规范仍然是不可缺少的生活准则。

在我国历史上,法律对于普通人民群众而言,一直是比较生疏的,远不像今天这样普及;但是对于社会公共道德观念还是比较强的,是非、曲直、真假、善恶、美丑,人人都有一本良心帐,不仅能说得清,也能依此约束自己。老百姓在讨论问题时,经常说的一句话,"凭良心",就是凭大家都理解、都承认、又都共同遵守的社会道德规范。良心就是善心,就是真心,以诚待人,互敬互爱,团结互助,为社会为公益事业做出自己的奉献。用现代语言来概括,这就是社会效益。

社会要健康发展,就必须永远将社会效益摆在首位。

人们对"昧良心"者会嗤之以鼻,对"丧良心"者会恨之入骨,这说明人民群众的心里是非是十分清楚的。人们会用这种标准衡量一切,衡量人、衡量事和物。

一、影视传媒

电视作为20世纪最伟大的发明之一,已经渗透到几乎每个家庭,真正是家喻户晓、人人皆知。电视延长了人的视力听力,缩小了地球尺度,一切都呈现在眼前,真是"秀才不出门,便知天下事。"作为传媒工具,它的功效不论如何评价都不会过分。

据统计,平均来看,每人每天看电视的时间约占3~4小时,假若平均以80岁为生命周期,看电视的时间约占睡眠以外时间的25%;而直到退休(60岁)前有效工作时间约占23%;在校学习时间(从小学到大学毕业)约占10%,可见电视与人们生活的密切程度。在这个过程中,在接受电视媒体的积极信息的同时,也耗去了大量的时间,累积相当于20年的非睡眠时间坐在电视机前,这里不能不存在浪费生命资源的成分,这就是电视传媒的负作用。

更值得一提的是影视传媒的内容效应,有些播放的内容负面影响十分严重,一些凶杀、殴斗、暴力、色情、怪诞的影视节目;还有一些在纯理性的现实主义思想支配下制作的生活片,把生活中高度私密性的内容暴露在影视观众面前,这些节目的制作人,缺乏社会责任感,完全忽视了社会效益,这些节目,在一定程度上充当了教唆犯的作用。近年来社会治安的恶化,如抢劫银行、劫财害命、暴力凶杀、青少年犯罪,与这种不负责任的节目泛滥不无关系。

有些影视作者追求大胆、猎奇,所谓突破禁忌,不顾民族尊严,把本无意义的落后愚昧的习俗夸张后搬上银屏,使外国人大开"眼界",博得洋人赞许而洋洋得意。他们不顾因此而造成的后果,使许多洋人误以为今天的中国还是如此之脏,如此之愚昧……。

影视传媒是一种手段,所造成的正负效应绝非手段之过。但是作为传媒内容的制作者,就不能不对作品的正负效应做全面评估,应尽量创造正面效应而缩小或消除负面效果,这才是对社会负责任的受人尊敬的创作者应有的品德。

中华民族是个文明、知礼、含蓄的民族,有自己的传统习俗;含蓄并非保守,我们能够理解西方人的开放,但是并不一定人人会赞成,会仿效。那种把生活中高度私密性的内容搬上银屏,暴露在亿万观众面前,其中还有大量的青少年和儿童,会在他们心中引起什么反应?从环境心理学的观点来看,不论创作者主观意愿如何,都是在向观众做误导,是在腐蚀伤害纯洁、天真幼小的心灵,正在充当教唆犯的角色。凡生活中不宜见人的"私密性行为",都不该暴露于荧屏观众面前。

二、风尚与时弊

文化环境中一个特有的现象就是社会风尚,它是在一定时期内社会上普遍流行的风气和习惯,既非法律,又非道德标准,但是却有很大的影响力。不仅影响当前,而且影响后代,是应当给予十分重视的社会现象。这种社会风尚并非都是积极的,有许多是属于陈规陋习的时弊,严重的污染和腐蚀社会环境,腐蚀人们的精神世界。

讲排场、图虚荣:

小孩子过生日也要大摆酒宴;

结婚要动用几十辆小轿车,吹吹打打浩浩荡荡,非要在繁华市区招摇过市;

生产不景气,工厂发不出工资,甚至面临倒闭危险,干部汽车照坐,甚至一换再换。

大吃大喝屡禁不止:

开业庆典要吃喝;检查评比要吃喝;领导视察要吃喝;接待客人要吃喝;洽谈生意要吃喝;……名目繁多的吃喝项目,让人眼花缭乱。手段越来越隐蔽,内容越来越"丰富",为了防止被曝光,食客们远离市中心到郊区、到地县去吃,甚至借用"私车"去吃或者将车牌遮掩起来。从吃喝开始,到玩、到跳;餐厅、舞厅一条龙服务。全国用于吃喝的开销以千亿元计。

送礼"行贿"成风:

孩子上学要找一个好学校,要找关系要送礼,要花高价学费;

学校老师本应在课时内完成的教学任务,偏要拿到课外去补习,以便另外收取补课费;

请医生看病,有的人也要托关系,送"红包",形成"常规",难怪有的拒收"红包"的医生反而惨遭杀害,认为不收"红包"就不会认真看病,"正常"反而被误解为"不正常";

法官吃了原告,吃被告,谁礼厚谁就胜诉,有法不依,有理难赢;

正常的工作按章办事唾手可得,也要一拖再拖,礼到即成;

无礼办不成事,形成了"共识"。

凡此种种,是非勿须讨论,当事人心里是明明白白清清楚楚的,这就是社会环境遭到污染而产生的时弊,形成了当代的社会风尚特征。就其数量而言,构成治罪违法标准的可能是少数,但是遭到污染伤害者,受其影响却相当普遍。

国家正在大张旗鼓地反腐倡廉,现在已经到了不廉无耻的程度,所有的不廉者不是不懂法不知法,而是不知耻。在倡廉的同时,还要倡勤,要勤政,各行各业都应勤政,兢兢业业做好本质工作。

净化社会环境,匹夫有责,迫在眉睫;社会环境的污染,最大受害者是下一代,其影响在未来。

第八章 室内环境构成

让我们首先来看一看图 8.1，这是与人直接接触的近身建筑环境与人相互作用关系示意图。我们从图的中心讨论，在这里表示出人的生理感觉器官：眼、耳、鼻、皮肤，对于与建筑无关的舌暂且忽略不计；四种感觉器官的功能决定于每个人的年龄、性别、职业和性格。但是每个人与建筑环境发生的相互作用又是相同的，因此我们可以用同一图示来解释相互关系。

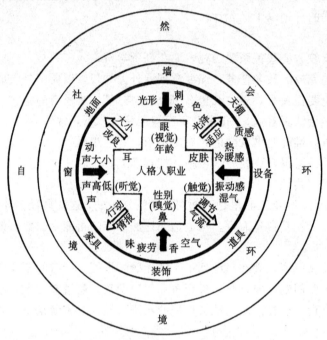

图 8.1 建筑环境与人的相互作用示意

图中黑色内向箭头表示来自于体外的刺激，这种刺激不局限于建筑环境自身，也包括建筑环境以外的社会环境和自然环境；图中白色外向箭头表示体内接受刺激之后作出的反应，这种反应，不仅限于自然反映，而包含有经调节后做出的反应。

本章着重讨论近身的建筑环境构成要素。

第一节 出 入 口

建筑物出入口，是人们进出建筑物的必由之地。一栋建筑物可能设若干个出入口，各出入口可能各有不同的功能要求。出入口是建筑物内外联系桥梁。就建筑设计而言，各出入口都是设计的重点部位，尤其是主要出入口，更是重中之重，往往通过出入口的处理达到某种意境，获取某种艺术效果。

传统的或古典的设计概念，往往在建筑物出入口之前设置高台，以突出建筑主体的庄重、宏伟，人为的加设许多台阶踏步，而不顾使用者出入是否方便。这里突出的是艺术理念要求，而非以人为本，人要服从建筑、适应建筑。

这种传统观念沿袭至今并仍在发挥制约作用，人们在评价一栋建筑物时，常常强调气魄壮观，而忽视与人的关系。

现代建筑设计观念，则强调突出以人为本，人是建筑的主人，必须以方便使用者为前提进行设计和评价效果，这也是环境心理学基本要求的体现。

现代建筑室内外高差很低，常常只有一个踏步高，有的有2～3步；而沿街商业建筑室内外地坪差最多只有一步，有的只有缓坡。这样平易近人，便利人们进出，同时也会提高商业利润，顾客不会因地坪高差而拒入。

出入口的功能就是要保证人们安全、方便的出入建筑物。而出入者有老人、儿童，有健康者也有残疾人，要为不同的人提供平等的使用机会。出入口的数量、尺度应经过科学计算来确定，并充分估计到在非常状态下人们安全疏散的行为特征，去规划设计出入口。要有方便轮椅进出的坡道和门口（彩图4.30）。

特别要指出建筑物的经营管理者，务必保证门口经常处于全能开放状态，不得图希管理方便，而将多数门口封闭，仅留单门通行，也不得仅开放主入口，而将次入口锁封。有的火灾伤亡悲剧就发生在处于恐慌逃生状态的人流，因疏散门口不畅，或被锁封出不去，相互拥挤而造成严重后果。

第二节 地 面

地面应包括两个方面，其一是供人们活动的水平面——厅室的地面；其二是做为交通通行的路面——走廊、走道、坡道地面。

厅室地面因其所处空间部位不同，功能要求不同，选材要求也会不同。

地面应平整不滑，而且耐磨，具有良好的摩擦力；走道地面还应具有一定的弹性。

地面是对人体活动的支撑面，首要一点是安全不滑。近年来许多高档磨光石材运用于大型厅堂，看似美观，但人们行走时往往提心吊胆，不敢投足，担心滑倒跌伤；有的为防滑另铺地毯罩面，这就完全失去了铺贴石材的意义。正确的作法是应用粗糙防滑材料，安全必须置于美观之上。

不论室内地面、走道地面都必须保证平整，不允许出现超过3mm的垂直高差。根据经验超过3mm的高差，人行走时会产生绊脚或挡鞋的感觉，这对老年人则比较危险，容易导致摔倒跌伤。同理，门里门外不应设门坎；公共建筑通行地面还应设方便盲人的导盲板块（彩图8.2）。

不论室内地面或室外地面，小面积小范围的高低迭落都应避免，尤其对于老年人出入使用的房间应绝对避免。那种下沉式或凹陷式卧室地面设计是不可取的，形似新颖，然而使用极其不便。

人与建筑环境的关系，接触最多，最直接的就是地面，所以地面设计选材对于人的感觉效果影响十分突出。

地面的选材，以木质地面为最佳，不论条木地面或拼花地面，不论在南方或北方都广受欢迎，尤其在北方更为首选。木质地面保温隔热，有一定的弹性，吸声，油漆后易于清洁，且比较美观，除了住宅卧室外，会议室、舞厅、体育活动室也经常采用。

硬质石材、陶瓷地面，不宜用于卧室，尤其在北方严寒地区更不宜用于人们久居的房间。公共流动性大的厅室应用较多。

地毯是近几年比较时兴的地面材料。一般认为比较高贵豪华，特别是厚质的羊毛地毯温暖柔软、富于弹性，吸声，使用效果良好，较受欢迎，然而成本较高，属于高档地面材料。近年化纤制品比较普及，质地较薄，综合效果比毛质厚型地毯要差，但也较受欢迎，特别是在交通走道部位，由于吸声，不滑，使用方便。但是化纤质地毯在一定时期内会散发令人讨厌的气味，在遇有火灾时往往会散发毒气，故应慎用。

地毯属于柔性地面材料，一般来说足感较好；但是厚型地毯对老年人腿脚不便者，常会产生绊脚缠鞋现象；薄型地毯则不会有这种弊病。

不论哪一种类型的地毯都是由纤维织成长短绒毛状，自然成为藏污纳垢吸尘表面，也是细菌滋生繁殖的空间，特别是在南方梅雨季节，地毯的弱点则更加显露。在北方干旱少雨、风砂、尘土较大的地区也不宜采用地毯，除非有良好的密闭性空调设施，与室外隔绝。

从性能来说，塑胶地面接近地毯的弹性，又比较易于清洗，在国外应用较多。这种材料可以现场浇筑，也可以预制后现场铺贴。其表面光平，有一定的弹性韧性，吸声隔热，不吸尘，细菌不宜找到藏身之处。可直接铺贴于硬质垫层表面，是较受欢迎的地面材料（彩图 8.3 塑胶地面）。

第三节 墙 面

从广义来说，任何一栋建筑物，一个房间都是个容器，或由容器组成的组合体。容器中或住人或盛物，这墙壁就是构成容器的四周而已。这容器即建筑空间，是给人们提供的活动场所，人在其中从事各种行为活动。在这里也体现了"主人"的地位，建筑物仅仅是服务于人的外壳。

墙面在室内空间构成中处于主要角色，室内环境气氛主要决定于墙面，而室内空间则有人居于其中，在有家具、道具、设施充入空间时，墙面则成为背景而转为陪衬地位。墙面具有主次互换的性质。

由于人眼直接面对墙面，人们对墙面的重视是很自然的。人直视墙面，墙面与人的视觉形式发生关系，但是在人体高度范围内的墙面除视觉联系外，也会有触觉关系。人们会扶摸、倚靠、碰撞，在这种接触时希望墙面具有一定的柔性、弹性、光平，不会对人体产生伤害。在人体高度以上墙面，人们则没有这种要求。除上述要求之外，墙面与人体也还有听觉联系，要求墙体具有隔声能力，墙面具有吸声或反射声的能力。根据不同的使用功能，要求墙面或吸声或反射声。

墙体的墙面材料应根据不同空间功能，选用不同的材料。在选材时，必须注意防火要求以及火灾发生后的防毒气要求。

近年建筑装修已经普及到普通居民家庭，大量的新型建筑装修材料应用于室内装修，大大提高了居民的居住环境质量，从而改善了生活质量。但是，在这个过程中常常伴随产生一些烦恼，出现装修材料散发的某些化学分子的气味污染，慢性地影响居民健康，对此应予高度重视。在选择材料和粘结料时，注意选用无毒无味材料。

纤维质或仿纤维质的贴墙饰面材料经常被选用，软化了墙面与人体的硬性联系，增加几分亲切感，不论视感或触感都令人感到舒服。

墙面在空间构成中所承担的背景角色，会因空间功能不同，而要求不同。一般来说，背景应当含蓄、退后、开阔、稳定，尽量衬托出主体图形，而不能喧宾夺主。主体图形可能是可动的可变的，而背景则多半是稳定的静态的；在特殊情况下背景也是可动的，例如舞台的背景可能是不断变动的。

墙面作为背景设计，常常蕴蓄着主人的意愿和设计者的艺术风貌。光洁的白色粉墙，常表现出主人的高雅、清净、豁达的情操，不赶潮流，悠然自得。

墙面色彩在造成室内气氛中具有画龙点睛的作用，例如我国国家领导人会见外宾的厅堂，多采取比较热烈的暖色情调，以突出热烈、诚挚的友好情谊，表示对远方宾客的由衷欢迎。

结合气候特征，运用色彩的物理心理效应，用以调解室温，这已成为人们生活中的常识。所以北方寒冷地区居民喜用浅米黄色，冬季感到温暖，夏季又不感到过热；而南方地区则喜用浅草绿或浅蓝灰色，以降低室内的温度感。

色彩的科学运用和恰当的组合，会增添室内的温馨，而过分强烈的色彩刺激，除非在特定的环境下，往往是难以成功，不易受欢迎，人们甚至会感觉到无所适从，静不下心来。

镜面玻璃或镜面不锈钢钣，不断的以新材料运用于室内装修，成为墙面或柱面的饰面，给人以新潮的感觉。人们常常认为大面积的镜面饰面会扩大室内空间，利用镜面的反复折射会产生变幻莫测的新奇效果。但是从心理学角度来看，也还存在负面影响。当"单身贵族"一个人处于房间之中，装上一面大型镜面玻璃，一个人会变成"两个人"，会减少孤独感，不时对照镜面做些"鬼脸"，会增添生活情趣。但是，当众人同处于一室，镜面玻璃显现的人数增加一倍，实质空间并没有扩大，而拥挤感增大一倍，这在心理上会产生拥挤与压抑感。

不论镜面玻璃或镜面不锈钢钣饰面，由于光的反射折射，都会使人眼花缭乱，干扰正常视觉功能，产生光污染。有些商业建筑，为了创造商品丰盛、欣欣向荣的景象，用镜面玻璃饰面，然而对于顾客而言，扰乱了视觉目标，令人心烦，甚至常常被误导。一个诚实的商家，给顾客提供的应当是肯定、准确的信息，而不该是似是而非。

特别是镜面玻璃不应运用于楼梯、交通通道的墙面和柱面，因为除了容易产生误导之外，这些部位人们碰撞机率较多，玻璃破碎会伤人，会造成意外伤害，商家要承担相应的安全责任。儿童和老年人活动较多的场所尤应禁用这种装修措施。墙面装修还必须保证原有的通风洞口、建筑物的变形缝，正常运作，而不允许随意封闭或取消。

第四节 顶 棚

就视觉几率而言，人们直视机会顺序是地面、墙面，然后才是顶棚。只有当人们倒在床上才会有较多的机会去望"天"（棚）。笔者在做医院环境心理调查时，曾有一位住院患者提出顶棚设计应更丰富一些，更有趣味一些。对于卧床的患者提出这种要求反映了一定的患者心理需要，值得设计者认真考虑。

顶棚大致分为两类。其一是较低的一般生活空间，如住宅的卧室、起居室、宾馆的客房、办公室；其二是较高的公共空间，如会议厅室、观演厅堂，展览、体育活动场馆等。对于前者来说空间高度常在2.80m上下，最多不超过4.00m，本来就偏低，一般来说不宜在建筑楼板下再做降低室内净空的吊顶。净空降低实质上是降低了空气质量，平均每人占有的空间小了，容纳的清洁空气就少了，空气中污染的密度增大。但是有的时候，由于技术上的要求，如埋设电缆，装置灯具、烟热感应、喷淋设施以及空调管网等等，必须吊顶时，应尽量缩小被吊空间，保留较高的净空，有利于室内卫生，扩大空间效果。

吊顶应尽量创造凸状线脚，尽量避免凹状阴角；后者不利于空气的流通，且在阴角部位易积尘、聚集细菌繁殖。

近来在家庭装修中，人们从室内美观效果着眼较多，比较注重灯具的花色和装设的方式，而对照度的合理运用则考虑不足，甚至出现了，灯具很多，电费耗量很大，而效果并不理想，这往往同顶棚吊顶直接相关，有些灯光被吊顶"吃"掉了。

就吸顶灯而言，全部灯泡都含在吊顶棚内，棚面只留向下投射的投光口，有效利用的光不足1/5，而4/5被顶棚"吃"掉。再如凹槽式吊顶，灯具常隐蔽在凹槽内，通过槽口或反射顶棚，转向投光，其有效利用的光也只有1/4左右。而上述这些光由于距工作面较高，照明效果都不理想，因而在工作面范围内还要加设壁灯、台灯、地灯、床头灯，这就使灯具大增，耗电量增加，且灯具也复杂。

不论哪一种形式的隐蔽照明或暗装照明，不仅照明效果受损失，而且会大大增加热量的散发，使室内过热，为了消除多余的热量，又要加大空调冷气设施，相应又要增加空调的耗电量。所以灯多、散热多、空调多、耗能多，是一个负效应循环系统，在进行室内设计时应从根本上消除这种不利后果。

对于高大空间的顶棚处理，与一般生活空间不同，后者近人，尺度也较小；而前者则偏重于技术功能要求，如观演性空间则主要由声响要求控制顶棚形式；而体育运动空间，则主要解决照明和消声处理，一般不做全吊顶，完全暴露屋顶结构系统。对于会议厅堂，则比较复杂，既有现代声学要求，照明要求，又有美观与心理要求，灯具形式布设方式，都应高度重视；一些公共建筑的厅堂共享空间，也有类似的性格要求。在这里，各种形式的吊灯常被广泛应用。

讨论顶棚形式，若从天然采光角度考虑，以平顶为最佳，有利于光的反射，减少因棚面凹凸不平造成的光损失。同理，也以白色顶棚最有利于光的反射。白色感觉轻，有上浮感，对扩大空间有利，反之采取较重的深色顶棚，则显得头重脚轻，会产生压抑感。

顶棚饰面材料，应有一定的透气性，不宜采用密封性强的塑料贴面，采用微孔材料或砂浆粉刷或微孔饰面板材，保持一定的透气吸湿性，维持"自然呼吸"作用，对室内环境自然调节有利。那种完全隔绝密封的室内空间，不能保持自然换气调湿的机能，人们会感觉不舒适。

第五节 门

门的宽窄、高低和开启方向，都不可忽视。门的宽窄因门的功能要求而不同，最小的生活内门，也应保证轮椅进出方便，给老年或残疾人提供便利，门开启后最小净宽应不小于80cm，其高度应不低于1.90～2.00m。

外门，应略大于内门尺度，公共建筑外门尺度由计算决定，根据设计人流股数确定门宽和门数。

外门和居留人数较多的内门应向外开启，例如幼儿园、学校、会议室、商店……等等都应向外开启。公共建筑门的高度，应同门宽协调，应在2.00m以上。

一般常用平开门，为了节省门扇占用空间，也可以采用推拉门。公共建筑也用转门，但转门必须同平开门同时并设。

对于设有空调或采暖的建筑物外门应有良好的密封性，以节省能耗。

近年无框玻璃门或推拉或平开广泛应用于宾馆、商店以及办公楼建筑，通过光电感应自动开启，给使用者创造便利条件，颇受欢迎。然而在严寒的北方，这种门难以密封，剩留缝隙较大，难以避风、防雪、防寒，给室内维持正常温湿条件造成困难。在北方还是以硬质木框咬合平开外门为最佳选择。

门的附件，即一般所说的小五金，也直接影响门的使用效果。门轴弹簧、合页是薄弱环节，经常出现损坏失灵，特别是门扇较大、较重时，门轴质量不匹配，使门失灵。还有插销、门锁、开启弓簧等都影响使用质量。

门的拉手是手直接与门接触的构件，其高度以离地90～100cm为宜。图8.4为拉手高度示意图，这是按普通人体尺度感觉舒适而制定的。

门的开关拉手因门的部位和功能要求而不同，有的拉手同门锁结合为一体，有的二者分离各司专责。杠杆摇把式拉手操作比圆形旋拧式要方便。公共建筑外门采用φ35～40mm的圆杆形拉手，不论竖装或横装都比较受欢迎。总之门拉手体量宜大不宜小，易抓易扶，手触感舒适，是选择的基本原则。

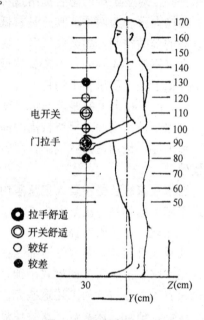

图8.4 拉手高度示意

宾馆客房门、住宅户门常在门上装设窥视镜其高度取145cm以下为宜。呼叫门铃按钮高度一般不宜超过人肩高，可按人体身高H的0.8倍选用，一般可取1.40m，最高不宜超过1.50m。

第六节 窗

建筑物的窗户功能，历来都只是考虑采光和换气，各个国家都制定了相应法令和标准来控制建筑物窗户的设计。但是，近年来由于必要照度的提高，人工照明设备的发达，空气调节设备的普及，城市里建筑的密集化，办公室房间进深的加大，为了采光而设窗户的意义已经下降，采光已经不是首先考虑的问题了。

这种结果，并不是说窗户这种构件似乎已经不需要了。现在代之以眺望风景、变换室内气氛、歇息眼睛、获取外界视觉信息等等，逐渐重视窗户的视觉功能。因此，窗户存在的意义变得更大，而不是缩小了。通过调整窗口，可以改变室内空间的开放性，这对于城市建筑过密和房间狭小的状态正在恶化的今天，开展对补偿空间狭小的开放感研究十分有意义。

一、房间的开放性

房间的开放性是通过视觉所获得的空间大小的感觉，即空间的视觉容积感，我们称之为开放感。所谓

"全挂玻璃的办公室有开放感","拉门全拉开的房间（指席地而卧的日本和式住宅）赋予开放感"等等，表达了人们对开放感的理解，但是这里采用的开放感仅限于视觉范围，而没有将小鸟的鸣叫声和清爽的空气等环境因素考虑进去。

开放感的下限，就像暴露在暗室里一样，信息完全消失的房间，这时的值为零。其上限在地球上，暴露在一望无际没有任何遮挡的沙漠、草原或海洋上，天空在感觉上像是一个有限的扁平半球，所以上限值也在某个有限值上结束。因而可以说，开放感的尺度是从零开始，对每个空间都给予一定大小，达到某个最大值时的尺度，开放感是以相对比较而产生的相对定量值。

日本乾正雄与宫田纪元等对这种日常使用的"开放感"这一概念，进行了指标化研究。

主要实验是采用一个1/20比例的办公室模型模拟实验。模型的室内容积按从115.2~499.2m³分为五个等级，面对被试者窗户的窗台从1m到顶棚（3m），窗口宽度从0~22.8m分为八个等级，室内照度从25~1600lx分为七个等级，天空辉度从5~500cd/m²分为三个等级，按照这些等级进行变化实验。模型置于建筑研究所的人工天穹下面，选择10名接受试验者，请他们评估各种变化状态的模型空间，并用数值表现其开放感（估计大小）。实验装置的配置如图8.5所示。

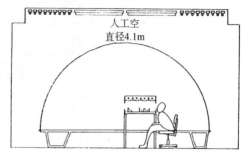

图8.5 开放感实验装置的配置

其结果，开放感S_p为

$$S_p = C \cdot L^\alpha \cdot R^\beta \cdot W^\gamma$$

式中 L——工作面上平均照度（lx）；
　　R——室内容积（m³）；
　　W——从房间尽端深处站立者的眼睛测到的窗口立体角投射率（%）。

就L、R、W分别与S_p的关系（图8.6）来看，二者形成对数图解的直线形式，具有幂函数关系。图中的S_0、S_1、S_2表示当天空辉度为5、50、500cd/m²时的情况。α、β、γ中最大的β约为1.0。这从该图(b)的斜度约为45°也能理解。室内容积R成倍增加时，其开放感S_p大体上也是成倍地增长。α与γ当天空辉度增大时，也有增大的倾向。在这两个当中γ要大一些，为0.3~0.5，α为0.2~0.4。对开放感S_p最终结果的影响按其作用大小顺序为R、W、L。

图8.7是当天空辉度（亮度）为500cd/m²情况下的，根据L、R、W求解S_p的计算图表。

在上面的关系中，是假定窗外无任何障碍，仅仅是看到了天空，而实际上窗外障碍的影响是很大的。如窗面到窗外建筑物的距离很近，透过窗口看到天空的面积与窗面积的比率若很低的话，窗口即使再大，窗户的有效机能也难以发挥出来。

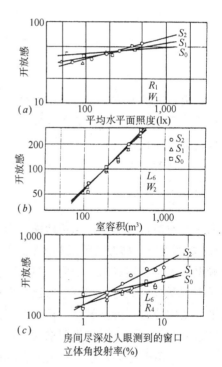

图8.6 L、R、W与S_p的关系

上述的开放感只是单一的尺度，不包含舒适不舒适的价值感。然而，在设计上了解开放感与舒适不舒适的关系是很重要的。一般来说，开放感大一些的房间，其舒适的满意度要大些。

在现实的房间里，当然会有最适宜值，也不能不存在上限值。而且，还会因为房间的种类和行为的种类而有变化。例如，个人用学习房间的开放感S_p就不需要太大，而公共大厅（Lobby）的S_p则大一些较好。开放感S_p小的空间适合于专心致志的冥想、深思熟虑、考虑计划工作等推量性的行为；S_p大的空间适合于演讲、开会等群集性行为。

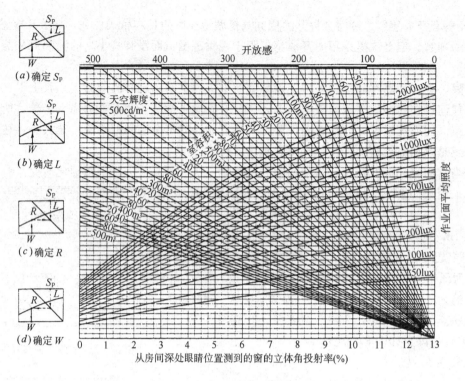

图 8.7 开放感的计算图

二、窗 的 机 能

室内空间的开放性,其开口部分具有决定性的作用,一般来说,窗户开得大一些室内空间的确会变得开放一些。更深入细致地研究还会发现,由于窗户的形式、大小、位置、窗外状况等的不同,窗的机能或感觉效果也会发生种种变化。

以色列的内曼 (Neeman. E) 在英国建筑研究所同豪泡金松 (Hopkinson. R. G) 共同进行了关于最小容许窗面积的实验。

实验采用了开间 7.2m、进深 5.4m、顶棚高 3.6m 的房间的 1/2 比例模型。在面对观察者的正面墙壁上按几何学开设窗口,其高度从离地面 0.9m 直开到顶棚底,宽度利用左右对称可以移动的屏幕,使其在从 0 到 6.6m 之间变化。窗外的景观利用建筑研究所周围的实际景色。观察者在这种情况下调整窗口,从感觉过小开始调整其大小。实验结果证明,窗口确实存在最小容许界限值。其大小,大致符合以前日本建筑研究所和教育学者在学校实验室的研究中心已经明确的,相当于地面面积 1/16 左右的数值。最小窗户的大小(尺度)与照度、太阳位置、天空辉度、窗口的高宽比、观察者与窗户的相对位置等没有多大关系。但是,当室外景观比较近的时候,感觉会稍微要求大一些。

同时,还进行了其他几种状况的实验。改变普通窗户的大小(窗面积占窗壁的 20%～30%),将单个窗划分成二个以上,窗口边壁厚度加厚,在厚壁部分做成斜面,针对这些不同状态,在制品科学研究所通过模型对其心理效应进行评价。请被试者(40 人)就各种状态做出好—坏,以及其他与形容词对应尺度的判断,其结果如图 8.8 所示。

首先,如 (a) 将窗户分割成 2 个甚至 6 个,很明显窗户不能令人满意。

第二,(b) 的壁厚分别为 5mm 和 25mm,比较其结果,后者表现出良好的立体感。

最后,窗口周边带有斜面,窗户看起来会大一些,(c) 说明了这个问题。就没有斜面、1 个斜面(只在窗户的顶部设带 30°的斜面)、3 个斜面(除窗户的下部,其余 3 个方向都带斜面)、4 个斜面(窗户的四周全带斜面)的比较结果来看,斜面较多一些,窗户的"好"的得分会上升。图 8.9 (a) 是分割成二个窗,而厚缘无斜面;(b) 是同样的窗口带 3 个斜面,尽管窗口面积相同,后者比前者看起来就格外大一些。

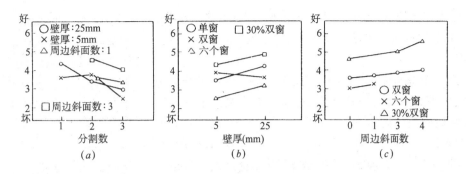

图8.8 窗户的分割数、壁厚、周边斜面与主观评价
（没有特别指出的，窗/窗壁比为20%）

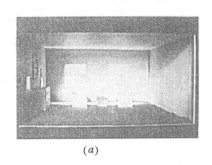
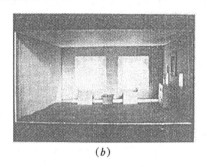

图8.9 窗口边缘斜面效果

房间的开放感与窗口的位置和房间的断面形式有关，图8.10是根据看得到地平线的城市景观和全被建筑物立面遮挡的近景景观所得到的不同的开放感。这两种景观都说明了窗户大一些，其开放感变得更明显，如图（a）和（b）；脱离正常视点方向的窗户不利于产生开放感，如（c）和（e）；这种情况尤其从高窗眺望地平线的城市景观（事实上只能看见天空）时就更明显，如（c）实线的最低点。

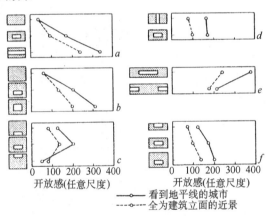

图8.10 窗和窗壁与开放感

近年来社会上出现了一些异型窗建筑物，从街道上观察，的确富有变化，给人以新颖感。但是，从房间使用者的角度来看，会如何评价？满意不满意？带着这样一个问题，三年前笔者结合研究生研究课题，做过一次居室空间窗型模型模拟实验。请不同身份的被试者以"居住者"的身份，从内向外观看，评价对不同窗型的心理感受，力求反映出使用者的心理评价。该项实验采取层高2.8m，开间3.6m的1/10比例模型；在外墙一端采用可更换的窗型，被试者站在房间进深里端眼睛相当于1.5m高处观看室外景观。采用幻灯片将实景引进实验室，景观选择三种类型，分别有高视点景观、平视点景观和低视点景观。模拟设计了12种窗型。模型模具共有三组，以便同时进行比较观察。参与被试实验的成员有男有女，有建筑学专业的学生，也有非建筑学专业的学生；有高年级的学生也有低年级的学生；也有不同文化层次的职工，总共64人。图8.11为模拟实验窗型，这些窗型在现实生活中都能找到实例，并非完全是为实验而制作的特例。但是，是否完全用于居室，倒不一定，有的用于宾馆走廊、办公室、展厅……。

图8.12为窗型心理效应的综合示意，将许多内容简化为线型表示。

窗型心理效应是将几种心理信息综合后的综合效应，其中包括亲切感、舒适感、信息量大小和采光好坏。按照被试成员状态分成四个组，即本科生组、研究生组、职工组和儿童组。通过四个组线型分析，舒适感与信息量大小成正比，信息量大，舒适感就大；同样，亲切感与信息量大小之间也存在这种趋势。窗口面积大小是决定舒适感的最主要因素，面积越大，则舒适感评价越高。通过实验还发现，儿童的喜好与成人是不同的,2型、3型窗成人评价很低,而儿童却评价较高。综合看来,评价最好的还是1型和11型窗;最差的是2型、3型、8型、9型和12型;10型评价也较高。

这里,再介绍一下马卡斯(Markus. T. A)关于窗口景观的论点。按着他的论点,景观构成的层次有天空、大自然和城市的横向远眺、地表面以及在地面上的活动等三个方面。在获取户外信息时,最好三个层次都能看得到。因此,像荷兰的17世纪窗和英国的乔治亚(Georgian)窗,即竖长窗是有利的,特别是楼层高、窗台低时就更有利。尤其使外景同室内人的活动联系起来,构成动态变化的意境。可以说,竖长窗更具积极意义,这也证明了10型窗被评价较高的普遍性。

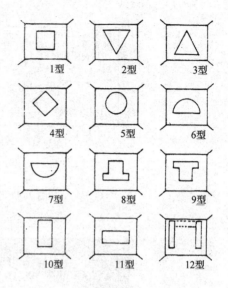

图8.11 模拟实验窗型

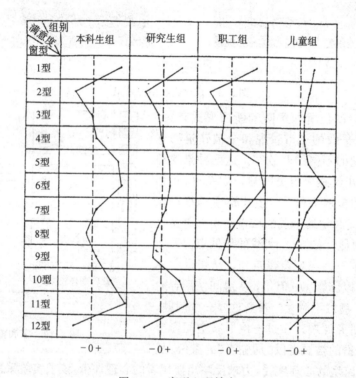

图8.12 窗型心理效应

三、窗 用 玻 璃

随着现代科学技术的发展,做为新型材料杰出代表之一的玻璃,已经不限于窗用,而扩展为墙体、屋顶、甚至地面材料,几乎随处可见,不局限于维护材料,甚至肩挑一部分承重功能。做为幕墙体系,它不仅代替了笨重的厚厚墙体,而且使窗与墙一体化,使建筑物简洁,创造出全新的建筑风貌,体现出时代感。

现代玻璃的品种、性能同传统产品相比发生了很大的变化,暂不在这里过多讨论。

窗用玻璃,供选择的品种越来越多,特别是彩色玻璃大有普及之势。一般使用者只考虑彩色玻璃的某种程度的隔热、保温、遮光、美观效果,而忽略了对居住者视觉功能的消极影响,甚至会造成视觉伤害。

不论是茶色、绿色、海蓝色、宝石红色,做为窗用玻璃都会滤过一定的色彩成分,使人们透过玻璃看到的外界景观色彩都是不完全的,本来丰富多彩的物质世界,在有色玻璃过滤下,失去了本来的面貌,使色彩失真。而无色透明玻璃则会准确无误的呈现出色彩缤纷的客观世界。特别是儿童处于发育期，在有色玻璃的影响下会误解色彩的色素，影响视力健康发展；而对老年人而言，由于年老视力衰退，甚至模糊，在彩色玻璃下就更加影响视力。所以应尽量采用无色透明玻璃，特别是幼儿园、小学校、老人院、老年住宅更不应选用彩色玻璃窗。采用无色透明玻璃，配合可变的窗帘达到某种效果才是正确的选择。

窗口相当于建筑物的眼睛，居于室内空间的人通过窗口透视世界，已成为人们的共识。人们希望尽可能充分、完整、真实的认识和了解世界，而不希望在这个过程中遭遇到干扰或歪曲。彩色玻璃窗当阳光透入室内时，显现的不是白光，而是色光；当人们透视室外时，则是被歪曲了的色彩世界，形成了双向干扰，所以在建筑环境设计时应慎用或避免用有色玻璃。

由于窗在建筑环境中已成为不可缺少的构件，使人们养成习性，对处于无窗的环境中，总感到缺少了点什么，这种心理恒常性，在每个人身上都会有所反映。所以在地下厅室、地下道、地铁车站的墙壁上设置一些假窗或类窗形灯箱，会满足人们对窗口的心理要求，同时也会减少封闭空间的压抑感，从而改善空间的开放性。可以利用灯箱造成开阔的室外自然景观，以假乱真，将人们引入理想世界，这是在封闭空间中为满足人们的心理需求，利用"窗形"扩大空间的常用而成功的手法。

第七节 楼 梯

一般讨论室内设计时，往往不太注意楼梯空间，也很少有人认真进行设计。然而在实际生活中楼梯却极其重要，其影响涉及到使用者每个人。楼梯设计是否科学合理，不仅直接影响使用效果，而且会直接导致伤亡事故。

楼梯作为竖向交通构件，必须保证使用者上下安全、方便省力、感觉舒适。踏步坡度的选择，是楼梯设计的核心。当前相当多的楼梯是以健康的成年人在正常条件下顺利通过为依据而设计的。健康的成年人机体最完善，适应能力最强，一般对楼梯尺度变化也较容易适应。然而老年人、幼儿、孕妇、伤残者、患病者、受到机体特定条件的限制，适应能力大大降低；特别是必须考虑在夜间停电紧急疏散时，人们处于惊慌失措状态下通行楼梯的安全保证。因此楼梯设计必须突出任意条件下的安全保证和适应不同年龄层的方便舒适性。

我国现有老年人口1.2亿，残疾人口0.7亿，共计约占全国人口的16%。社会生活的各个领域，都必须为他们中的大部分人参与活动提供平等机会，这是全社会义不容辞的责任。

为了探索科学的合理的楼梯坡度，笔者10年前在实验室曾进行过不同坡度的楼梯实物模拟疲劳实验。针对层高为2.80m和3.00m的楼梯，取踏步规格分别为mm：150×300（155×290）、166×280和175×270三种尺度，请不同性别、不同年龄组的被试者，进行对当量为6～8层的楼梯实地登爬疲劳感应试验。在试验过程中测试脉搏和血压变化，同时记录主观感受，依此来判断楼梯坡度对人体疲劳感应的影响。

试验结果表明，由于爬升体力消耗，每一被试年龄组都有2/3的人表现出脉搏加快。随着楼层增高，楼梯坡度加大，脉搏次数也增多。血压的增高与被试者年龄、身体素质有关。随着楼层增高，楼梯坡度增大，身体疲劳感应明显增强，这点是令人信服的。将楼梯坡度、楼层高度（楼层数）、疲劳程度、心理感应等诸因素汇总后绘图表示如图8.13。

很明显，随着楼梯坡度变陡，疲劳有感人数显著增大。当采用150mm×300mm踏步尺度的楼梯试验时，其疲劳有感人数为10人（33.3%）；当采用166mm×280mm时，其疲劳有感人数为12人（40%）；采用175mm×270mm时，有感人数增大到23人（76%），几乎提高1倍，见图8.14。

血压的变化，对于大多数人不至于达到危险程度，但是对于患有动脉硬化、心血管疾病的老年人，却时刻存在发生意外的威胁。不论在国内或国外都发生过因楼梯坡度不当，使人摔落而伤亡的悲剧。因此保证通行者安全方便，应是楼梯设计的首要考虑的因素。

根据试验研究结果，对于层高为2.80m的单元式普通住宅，公用楼梯尺度采用155mm×290mm比较舒适；在不提高踏步高度的前提下，适当调整踏步宽度、控制在155mm×270mm可以保证安全，会获得较好效果。

我们还对180mm×250mm的踏步进行过爬升心理实验。对于老年人来说，踏步高180mm显然是太高了，

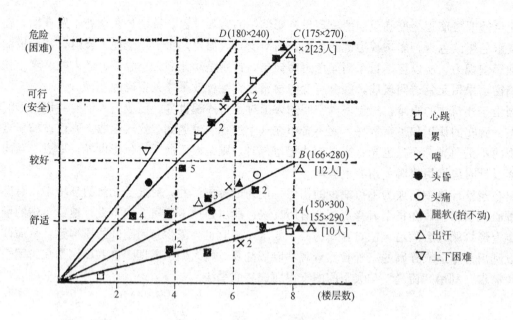

图 8.13 楼梯坡度与心理疲劳感受

老年人由于身体机能的自然衰减,抬腿高度会逐渐降低;有的老年人上下楼梯会两只脚共踏一步踏板,这就要求针对老年人用的楼梯尺度需要另行考虑。就老年公寓、老人院等老年人建筑,楼梯踏步尺度应控制在高不大于 140mm,宽不小于 300mm。而对老年人出入较多的公共建筑还应缩小坡度,踏步高不宜大于 130mm,宽不小于 320mm。

楼梯踏步尺度的选择必须综合楼层数量来考虑。楼层数越多,踏步坡度应当越缓。从图 8.13 中可看出当采用 166mm×280mm 踏步上到 8 层楼时感觉还较好;而采用 175mm×270mm 踏步,上到 4 层楼的感觉还较好,当上到 8 层楼则感觉很困难。然而在现实生活中往往对这个关系重

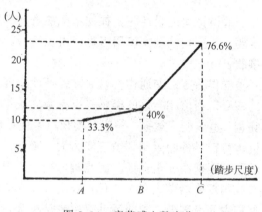

图 8.14 疲劳感人数变化

视不够,不论设计者或投资者,较多地注意节省一点楼梯间的面积,而忽视了使用者的安全方便要求,甚至有的 8 层、9 层甚至 10 层楼仍不设电梯,并且楼梯踏步还很陡,这实在太残酷无情了,若供老年人使用,简直是惨无人道。

楼梯尺度设计直接影响使用者的生活质量,设计者一时的不慎,将给建筑物留下终身遗憾,对使用者的影响将是持久性的,只要不离开这栋房子,就将永远承受不便。

楼梯设计另一个常被忽略的问题是楼梯间的尺度,特别是有的住宅楼梯间开间过窄,搬运家具很困难,在急救情况下担架无法回旋,这也应看成是不能允许的疏漏。

楼梯栏杆与扶手是楼梯的不可分割的构件,是保证通行楼梯者通行安全的必备构件。在现实楼梯设计中一般不会漏掉,但是否很有效则值得分析。考虑到便于老年人、残疾人参与社会公众活动,楼梯应设双侧扶手,而扶手必须保证每米能够承受 300kg 的侧推力,扶手断面应控制在 φ35~40mm 的尺度范围,以便能扶能握,使之成为人们通行时的借助工具(彩图 8.15)。

第八节 盆 栽

在房间里经常会摆放一些盆栽,使之成为与人们关系密切的环境构成因素,它虽然不属于建筑构件,但却是室内环境构成的不可缺少的因素,是室内设计的重要内容。

一般理解，盆栽主要是改善环境气氛，增加美的因素，这种理解当然是对的，但是不够全面。

从生态心理学角度来看，绿色能唤起人们对自然的联想，绿色表现出生机盎然的自然生命力，绿色给人以力量。当人们来到绿地、田野或森林时，便会感到心旷神怡，疲劳顿消。这是因为绿色植物构成的自然生态环境，对人的神经系统产生一种良性刺激、使精神放松、皮肤降温，脉搏减缓，呼吸均匀，血压稳定。人在绿地里比在城市里脉搏每分钟可减少4~6次，绿地的气候对人体新陈代谢机能有着重要的促进作用。很多植物能分泌出特殊的芳香物质，这种物质吸入肺后，有消炎，利尿，加速呼吸器官纤毛运动和祛痰的作用。科学家把绿色环境所发挥的作用称作"大气维生素"。

许多树木、花卉，如樟树、松树、枞树、杉树、天竺花、迷蝶草、熏衣草、丁香花等，能分泌出浓郁的药素，抑制细菌繁殖，驱除害虫，还能治疗某些疾病。

茉莉、蔷薇、石竹、铃兰、紫罗兰、玫瑰、桂花、木犀草散发的香气有净化空气的作用。天竺花香气对人体有镇静、消除疲劳和促进睡眠的作用。米兰的香气有一定的抗癌功效。茉莉花香气有理气、解郁、避瘟的作用。桂花含癸酸内酯、芳香醇氧化物，其香气对哮喘、伤风血痢有疗效。栀子花香味对肝胆疾病有一定辅助疗效。丁香花含丁香油酚，具有净化空气和杀菌作用。

植物的气味为什么具有如此特殊的功效呢？原因是它们散发的气味含有挥发性油液，即各种特殊的酯类物质，具有发汗解表、驱风镇痛、杀虫抗菌及消毒的功能。这种气味能刺激人体嗅觉细胞，通过大脑皮层，引起身体内部一系列生理变化，使血液循环加快，新陈代谢加速，精神得到调节，即振奋了精神，增强了机体的活力。

有些绿色植物的功能很奇妙，它们能够吞噬有害物质。吊兰能在新陈代谢中把被认为致癌的甲醛转化成像糖或氨基酸那样的天然物质。同样，对苯和三氯乙烯来说，琵琶螺、长春藤和沼兰像小型解毒机。这些植物不仅通过叶片上的细孔吸收二氧化碳并释放氧气（光合作用），同时也从空气中"吸进"有害物质。吊兰吸收甲醛也分解苯，并且"吞噬"尼古丁；耳蕨分解甲醛、二甲苯和甲苯。所有植物中，无花观赏桦（同吊兰一样）消除甲醛雾气速度最快。红鹳花吸收二甲苯、甲苯和氨，并且还是很好的空气"加湿器"。龙血树分解三氯乙烯效果突出，扶郎花是抵抗甲醛和苯的绿色武器。

综上所述，室内盆栽的意义几乎成了空气的过滤器，因而在现代室内空间几乎成了不可缺少的构成因素。

在现代庭园式办公空间，由于空间是开放式的，常常借助于绿色盆栽构成空间划分的屏障，兼有了多种功能，集分割、吸尘、吸声、过滤、美化于一体。在家庭里也成为生活空间的重要成分，配以考究的花盆、巧妙的组合搭配，组成富有意境的微形生态环境。

美丽的盆景，具有高雅、亲切、宜人的性格，几乎是人人喜欢；芬芳的气味沁人心脾，令人振奋。这种盆栽不仅摆设于居室、卧室、餐厅甚至卫生间、浴室，大小会议厅室更是花团锦簇。会师访友，特别是造访异性朋友，常要捧上一束鲜花，把人情与自然联系在一起，更含无尽的雅意。

随着物质生活水平的提高，精神世界也在不断的升华，人们喜用各种植物香型的香水，美化自己，美化环境，美化家庭、办公室、汽车、卫生间……，使世界成为充满芳香的世界，摆脱污染的世界，回归自然的世界。

第九节 装饰与家具

本节讨论的装饰与家具同盆栽一样，它们不属于建筑物构件，而是室内环境构成因素。这些因素的共同特点是可变性，可以移动、调整、更换，而不是一劳永逸。

做为室内装饰，必然是室内环境构成的一部分，而这一部分当然应充分反映使用者的意愿，或者符合或者迎合使用者的文化追求。装饰件不一定很多，但在构成环境综合效果时，确具有举足轻重的作用。一幅名画、一具古玩、一帧条幅、一件工艺品，摆在夺目的地方，就会给空间环境升格定调，赋予丰富的文化内涵和遐想空间。

装饰件一般来说是不具有使用功能的，但是其存在是有意义的，是"画龙点睛"，缺"睛"则不成龙，有了装饰就统一了格调,就能昭示人们所追求的意境。所以并不是随意随处摆上一两件东西就能达到的,需要认真的设计,在背景空间上要预留装饰的位置。而装饰的内容及其文化属性,则应充分尊重和体现主人或使用者的观念,对于具有高度文化素养的主人来说应亲自动手或亲自指挥来实现个人的意愿。

现代建筑的生活空间,其装饰件宜少而精,不宜求多过繁,前者会突出和体现统一的神韵,而后者则易陷入杂乱无章的俗套。

对装饰的要求会因年龄、性别、民族、文化、宗教、地域上的差异而有所不同,既不能求一,也不能变化无序,应充分体现各自的特征,综合诸多因素,创造预期的理想室内环境(彩图 8.16)。

家具虽然具有美的因素,但属于实用工具,而非装饰构件,所以对家具的要求首要考虑的是它的实用性,是否能满足功能目的。尽管人类与家具已经相处了几千年,应当说关系既密切又熟悉,但是至今家具并不都适应或适合人们生活的需要,不尽完善、不尽方便的家具随处可见。

近年来,人体工程学做为一门新兴学科受到广泛的重视,现代家具设计的原则就是要符合人体工程学的要求,即要符合人体的尺度和行为操作要求。传统旧家具尺度单一,往往同身体尺度不相适应,现实市场上出售的家具多数也是粗糙简陋,没有考虑人体工程学的基本要求。

家具的实用性表现为:第一,使用操作过程中所需要的面积和空间得到了满足,如床铺的平面尺度保证睡眠要求;写字读书用桌台平面和桌台附属空间保证操作要求;洽商会谈用桌台尺度保证相应的操作要求;接待、休闲用沙发尺度满足相应要求;各种贮藏柜橱,满足相应的贮藏空间和取放操作要求,……等等。第二,家具尺度与人体尺度相协调,保证操作方便,感觉舒适,减少体能消耗,如床铺不能过高也不宜过低;坐椅也一样,高度若超过下腿则会感到累,太低起坐也困难,尤其椅背的斜度更为重要,保持15°仰斜度比较舒适;桌面高度对人的写字阅读关系密切,取身高的0.4倍比较合适。不论是写字台下面或会议桌下面,都应留有足够的空间,保证双腿能够自由伸展和跷叠。有的办公桌台面下附设较厚的抽屉或柜橱,严重的限制了身体的活动度,深感不便。第三,与人体接触密切的家具,其棱角应圆钝,特别是儿童和老人用房间更应强调这一点,以避免可能由于家具给人们造成的伤害。

做为空间环境构成因素,家具当然兼有装饰性效果,所以家具的色彩、式样都必须同室内建筑环境相协调,尤其家具的尺度,应量体裁衣,根据建筑空间确定家具的尺度。若家具尺度过大,可能会缩小室内空间的尺度感,会显得室内拥挤;若家具尺度过小,室内空间又会出现空旷感,也会感到不满足。家具尺度的选择可参照图 8.17 人体尺寸粗算值。

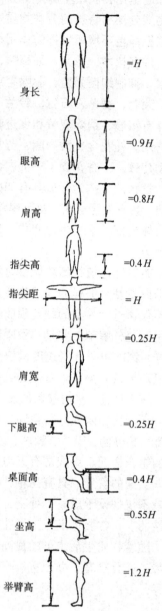

图 8.17 人体尺寸粗算值

第九章 室内环境与行为计划

环境心理学与环境行为学是里表统一为一体的学科。本章我们来讨论室内环境行为计划，就是从行为分析开始来探索环境设计。每一种环境，都是供人们完成某些行为而存在的，反过来说，一系列的行为需求才决定了环境设计。就建筑物而言，每一栋建筑物，每一建筑空间都有其存在的使用功能要求，否则建筑物也就没有存在的必要了。

就建筑功能而论，每一类型建筑物都存在核心功能，这是决定建筑物性质的功能；同时也存在辅助功能，是在完成核心功能的同时必须完成的辅助性功能。我们对核心功能一般都比较熟悉，也比较重视，在进行建筑设计或室内设计的过程中都能比较注意。然而对辅助功能就不那么注意，甚至完全被忽视。究其原因，与人们对环境行为学缺乏了解不无关系。本章准备就某些典型的建筑物实例来探讨核心功能与辅助功能在完成环境设计中的意义。

第一节 卫 生 空 间

我们设想一下，有一位身穿大衣，手提旅行包的旅客，准备乘火车回家探亲。在候车室候车时，想要上厕所。这是常有的行为要求，任何一个候车室一般都设有室内或室外公共厕所，解决排便问题应该说条件是具备的，也就是说基本的功能或称核心功能是能够满足的。让我们来分析一下人在卫生间的行为图式：

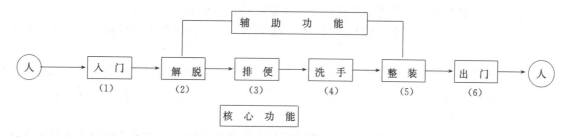

（1）公共厕所的出入口，不仅提供普通旅客出入方便的必要设施；还要考虑为老年人、儿童、残疾人提供出入方便、防滑的缓坡踏步、坡道和必要的借助扶手。

（2）在进行入厕操作之前要解放双手，要把手提的旅行包放下来，要将大衣脱掉，要求提供旅行包放置的台或架，要有挂衣的设施，而这些设施必须在入厕者可视范围内、并保证清洁，不得放在脏污的地面上。

（3）应提供方便的适合不同体能的人选用的大小便器，并保证其私密性，对老年人与伤残人厕位间应设安全借助扶手；厕位间地面应平整防滑，不得设门坎或台阶；不该用明露的沟槽式便器；厕位间还应提供卫生纸。

（4）入厕后要洗手，应提供洗手盆和皂液，可能的话提供烘手设备。

（5）人们需要整容化妆，要提供整容镜，人们穿好衣服，携带好旅行包，出门，完成了整个行为过程。

在上述图式中（3）则称为核心功能，当前社会生活中仅仅注意了这一点，而对于（2）、（4）、（5）辅助功能则极少考虑。这就使虽然有了公共卫生间，但是远远不能适应满足生活入厕行为要求，这种设计应该说是不合格的设计（彩图9.1）。

我们中华民族素有美食王国之称，食文化扬名中外，在服务行业里，各种餐饮服务大小酒家、餐厅、饭馆，随处可见。然而在厕所文化上却差距极远，在有的地方还出现了饭店开的越多，城市卫生环境越差，随处大小便越多，形成了恶性循环。

饭店和厕所同属生活之必须，应同步发展，每家饭店都应备有为顾客服务的卫生间，否则就不应批准开业。

凡服务行业的各个部门都应设有面对社会开放的符合入厕行为操作要求的公共卫生间。这样才会从根本上改善社会环境卫生状况。我国的社会公共卫生间是个薄弱环节，口碑不佳，距离现代社会标准差距尚远，这需要全社会共同努力提高厕所文化。

第二节 教 室 空 间

教室是学校的核心，没有教室也就不存在学校。但这并不是说学校除了教室就没有别的功能内容了，学校还会有各种实验室、教研室、研究室、办公室、体育馆、图书馆等等。每一种空间，都有自己的核心功能和辅助功能。为了简化说明，我们仅以教室空间为例，分析其行为内容：

一般教室设计往往只考虑要配置学生用桌椅，教师用讲台课桌和黑板，有了这些设施就可以上课了，教师可以讲课了。这些可以说是核心功能提出的最基本要求，是教与学行为所要求的最基本条件。若展开来分析这种教室面对的是小学生、中学生还是大学生？是专用教室还是通用教室？是上大班（合班）课还是小班课？教室内还有哪些附属设施？这些问题必须给予回答，而且会有相应的不同答案。

还记得，笔者在读大学的时候，一进学校（哈尔滨工业大学）门厅，就是衣帽间，这里是为教职员提供的挂衣间；紧邻门厅的地下室，是为学生提供的挂衣间，学生进入学校就可以将大衣、雨衣和其他携带的物品寄存在这里，有专人管理。不论教职员或学生在楼内出入课堂，都可轻便自如。后来学校规模变大，这套设施不够用了，逐渐也就取消了存衣制度。

在幼儿园，不论日托或长托，每一幼儿都有自己专用的衣帽箱或衣钩，以便存挂衣物。然而进入小学、中学，大多数学校教室就只剩下桌椅了，不论带多大的书包，穿多厚的衣服都要由孩子自己来消化安置，或者始终穿在身上，或者坐在屁股底下，严重的干扰孩子的课堂活动，甚至分散注意力。

在大学，不论有没有专用教室，衣帽都是随身走，无处存放，这就使课堂秩序受到影响，也限制了肌体的自由活动。

有的专业，由于专业特性，需要借助图版、绘图工具，也需要相应的特殊桌椅；有的教学过程需要借助幻灯或投影仪，不仅要装设可调性窗帘，还要装设记录用桌面局部照明设施，这一切都是课堂教学行为所要求的。

做为教室环境适当的供水，提供给师生以洗手和清洁用水也是必要的。特别是中小学生中午常常自己带饭用餐，以及间食前后都应洗手，然后进餐，然而现实的多数学校教室并不具备这种条件。

所以在教室里提供存衣橱柜、贮藏设施、供水、照明、多用电源插座等等是不能忽视的。

学生用桌椅应是可调性的，而不应统一为一种规格，特别是小学和中学，孩子处于发育成长期、身长不断长高；而且一个班级内高矮也往往差异很大，这就要求桌椅设施随着身长的变化相应调高或调低，以确保学生身体发育正常。桌椅的尺度不当还会影响学生的视力发育，桌面过高缩短了桌面与眼睛的距离，将导致近视，过低又会影响孩子的坐姿，导致脊柱弯曲。

黑板是课堂师生活动的焦点。学生几十双眼睛注视着它，教师每一动笔都离不开它。黑板的好坏直接影响教师授课情绪，也影响学生视觉效果和课堂吸收质量。黑板，有的采用绿色或白色，成为绿板或白板。黑板最好采用升降式，可整板升降，也可采用软质卷帘升降式。升降式黑板不论对教师板书对学生抄录都有比较充裕的时间和空间，有利于学习。

板书所用的传统粉笔，粉末灰尘较大，是课堂上空气污染的重要原因，严重影响教师和前几排学生的身体健康。近年出现了所谓无尘粉笔，实际上并非无尘，只是相对降低些而已。白板是类似白纸写黑字，用湿性黑色笔写在白板上。由于是白板，用笔色彩就比较自由了，可用蓝色、红色、各种彩色笔写字或绘图。这种白板湿性书写工具成本较高，但大大改善了课堂环境卫生，深受师生欢迎。在学术报告厅这种白板湿性书写系统，连接复印系统，可以边书写边将板书复印成文稿，一次完成，十分方便。

第三节 餐饮空间

在这里我们只讨论餐饮行为，而不去讨论餐饮的加工与准备。不论在家庭或在社会上的餐厅和饮品店，其行为程序大致是相同的，其行为图式构成如下：

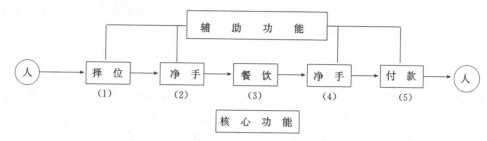

（1）若在家庭进餐，一切都较简单，随便找个位置就可以进餐了；若在快餐厅进餐，较多的是自助餐，交款取货，自找位置或坐或站；若在普通餐厅，人们对就餐位置的选择性十分重视，人少，仅仅为了就餐，则希望选择一个比较僻静，不惹人注目的位置，或靠窗或靠墙；若人多并有交谊内涵时，则喜欢选择较封闭的包间，私密性较强，便于交流。

在这一程序中常常遇到大衣、雨具、手提物无法安置的麻烦，若处于包间，一般不会有困难，均备有衣挂、沙发可供利用。而在快餐店或大餐厅仅备有就餐桌椅，人们脱掉的外衣、雨具和手提包袋则要用餐者自己照顾，这从服务设施来看是不够完善的，应提供有人管理的挂衣间或自控寄存箱柜。这样的行为需求，虽属辅助行为，但是不可避免的，应予合理解决。

（2）净手也是必要的程序，在服务较好的餐饮店，餐前提供湿巾净手，否则应提供净手用的洗手间及其配套设施，其位置应醒目易找并保证卫生清洁。

（3）就餐用家具，应针对就餐者人数提供有多种选择的可能性，机动性强；不相识的人同桌共餐，相互会感到尴尬，应尽量避免。一般的营业性餐厅，不宜采用多人用圆形餐桌，只有当举办大型集会时才有可能采用大形圆桌会餐。餐桌的尺度也应可调，以便满足不同顾客需求。

（4）餐后净手，提供湿巾或提供洗手设施，这是现代生活所要求的。由此看来餐厅附设洗手间是绝对必要的。

（5）餐后付款可以由服务员代办，也可到收款处，由顾客自行付款。若属于后一种方式，在收款台前，应留有一定的空间并附带顾客用操作平台（放置手提物品），收款台不宜紧邻通行走道边缘，避免拥挤相互接触。

上述（1）（2）（4）（5）仅为与顾客直接发生关系的就餐辅助行为，餐前餐后以及就餐过程中的服务行为不包括在内，但是在进行室内设计时，应综合考虑，不可偏废。

餐厅室内桌椅布置，不宜过分拥挤，不仅保证顾客行为自由，还要保证服务行为方便，服务人员送餐以及撤除餐具不得与顾客流线冲突，来去必须封闭式运送。这是餐饮卫生所要求的，暴露式供餐既不卫生，又不雅观，特别是餐后杯盘狼籍更不堪入目。

每一餐桌，如何供餐，来去方向路线，怎样更便捷，都应周密规划与设计，对顾客的服务行为都应有设计要求，从哪一侧斟酒，从哪一侧上菜，都应有科学的、礼貌的程序，而不允许"空中"（从顾客头顶上）飞菜或左右夹攻。

第四节 医疗康复空间

普通医院病房是人们患病后的特殊居住空间，是在医院监护下的居住空间。它同时兼有两种行为内容，其一为居住行为，其二为医疗行为。

医院病房的居住行为因病情和体能心态差异很大，有的生活完全可以自理，有的需要介助（某些工具），有的需要介护（专人护理）。

医疗行为也因疾病种类、年龄、姓别差异，会有不同医疗措施。

我们现在讨论的是普通常见病病房，暂时忽略特殊病症的特殊病房，如某些专科医院的专科病房。

做为普通常见病的普通病房，其居住行为从本质来说与家庭居住行为并无太大差异。其不同是因为身处患病状态，身居病房主要是休养恢复健康，而去除了其他的家庭行为。在这里避免了日常的家务劳动或其他社会活动，生活比较有规律，按时作息，较多时间是卧床休息或进行适度的体育锻炼或散步，也不要自己烧饭，生活方便，生活行为内容简化，心情静化。

每天接受医护人员的监护治疗，做必要的体态测试、医生诊断、遵医嘱服药等等。经过一段时间的医疗，康复后出院，完成了住院行为。

病房的核心功能设施是患者用病床。一个房间容纳几张床，这与病房的标准有关，有单床、双床、三床、四床、六床不等，床数越多相互干扰也越明显，床位少、也会感到寂寞孤单。

单床病房，面积标准较高，一般按双床要求设计，其中可随时改为双床病房，也可以一床留为陪护用床。同时应附设专用卫生间，使用方便。

双床病房与单床设施可相同，除病床之外尚应备有沙发和贮柜。

三床、四床、六床，可按设计要求控制床位布置，确定房间开间进深尺度。病床布置都应采取三面邻空，便于医护操作，邻空距离不能太小，要保证轮椅进出自如。每床都应有自己专用的休息坐椅或沙发和柜橱。

为了保证个人的私密性，利用滑道式挂帘创造围合的私密空间是必要的，也是受欢迎的（彩图4.27）。

病房用床应采用可调式，高度可升降，床垫可调角度，床侧设可升降的护栏（彩图4.28），床身最好采用滑轮式床脚，必要时可推移。

病房的门口尺度宜大，不应小于1.20m，以便抢救时出入方便，利于床铺推移进出。

辅属设施还包括一系列医疗用和生活用电源插座，每床头应设床头照明电源、呼救按钮、对讲终端和抢救备用电源。临门和室内临墙走道，墙脚离地30cm高处应设足光照明，以备患者夜里下床照明，同时不致影响他人休息。

病房附设的卫生间最好紧邻病房，上海第一人民医院的高级病房卫生间设计采用双门，一门开向病房供患者出入，一门开向走廊供清洁人员或急救人员出入，同时在走廊一侧墙上开设观察窗，医护人员可从走廊观察发现卫生间内的异常变化，随时抢救。这种设计对老年病房非常适用，构思细微，值得重视（图9.2）。

就辅助行为来看，儿童医院病房应提供儿童玩具及活动室、儿童学习室。在香港有的医院为儿童聘请家庭教师补课，以便让儿童安心治疗。疗养院则除了疗养间之外，尚应设游艺活动室，以便疗养员利用。

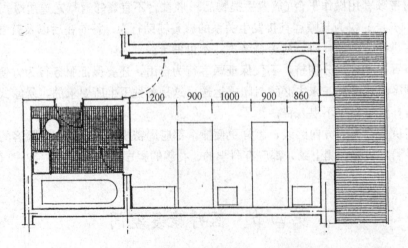

图9.2　上海市第一人民医院双人式卫生间

第五节 办 公 空 间

就建筑类型而言，办公空间是个覆盖面最宽、内涵最丰富的类型，也是现代建筑中所占比率比较大的类型。现代高层建筑相当大的成分是办公空间。所谓办公就是办理公务或者理解为办理公共事务、办理众人的事务，其中含有两方面功能，一是管理功能、一是服务功能。在有的国家或地区将办公室称为事务室或写字间，办公楼则称为写字楼。

做为管理功能，几乎社会每个领域都存在，不论商店、工厂、学校……都有管理部门，都必须有相应的管理办公室；做为服务功能，如会计服务、接待服务……也是遍布各个领域。不论属于哪个领域，做为管理与服务功能的办公室，都有其共同特点，其工作人员必须用笔动脑，所以称其为写字楼或写字间，充分表达了办公空间的实质。

由于具体办公空间的服务功能的不同，办公空间的规模、形式和手段会有很大差异。

各级政府机关服务面对的对象，可能是省、市、地、县、区（镇）……，其服务差异也表现在规模上，往往独立自成体系，成为各级政府办公大楼；有一些大型企业事业单位也可能设有独立的办公大楼，如厂部大楼、院部大楼、校部大楼……；更多的由于规模有限，不宜独立成楼时，则附设于企、事业单位的某一部分，成为相应的办公室。

进入市场经济时代、信息时代，办公空间的概念与内容都有了新的发展，办公手段也有了相当大的变化。特别是20世纪最重大的发明之一，电子计算机的出现，信息网络技术的普及，使写字楼的写字手段发生了革命性的变革。电子计算机和网络技术的运用，可以看成是人手与脑的延伸，手变长了，距离缩短了，地球变小了，虽处天涯海角，犹如近在咫尺。所以办公的概念完全不同了，不需要太多的人，许多人的工作可以用计算机来代替，只要少数人操纵机器就足够了，办公室规模可以大大缩小，这样就会引起办公室的功能、内容的变化。

设计院的设计室也是一种办公室，传统的设计室每位设计师面前必有一块图版和相应的绘图工具。而今天的设计师已经淘汰了图版和丁字尺，而以计算机代替人手操作，完全改变了设计室的工作内容。

作家甚至可以在计算机上写作和修稿，不需要伏案爬格子。

财会人员，把一切收支流水帐目都输入计算机，改变了传统的会计操作手段。

各行业人员都可以广泛利用计算机完成各自的行业任务，网上查阅资料、网上购物、网上通信、网上阅览、网上旅游……，这就要求相应的部门办公内容要有相应的改变。

这种现代化电子、信息技术的出现将从根本上改变传统的办公室概念和构成，不仅办公室会大大缩小，甚至可在家庭办公，流动办公；所依赖的手段不再是桌椅纸笔，而有一台配套的计算机就解决问题了，甚至便携式计算机可以随身走，随处办公。

那么是不是就不再需要办公室了呢？当然不是。只是说技术手段先进了，办公室的形式要相应的改变，更灵活，更注意社会服务。

当前办公空间向开敞式发展趋势比较强劲，如银行、邮电的营业大厅，市政部门面对市民群众的业务大厅等。使市民、群众与办公室的公务员、业务员，处于相互开放暴露状态，在心理上是互相沟通的，在行为上是相互联系的，并且处于平等地位，互信互尊完成业务行为。在这里体现出顾客市民是上帝，工作人员是公仆，这同传统的衙门完全相反。这种室内环境，应为顾客、市民提供温暖亲切的接待休息设施，具有"家"的氛围（彩图9.3）。

传统"牛栏式"办公室将会被开敞式办公室所取代。"牛栏式"属于封闭式办公室，它不利于接待来访者，也不利于工作人员内部之间相互联系与关照。

由于办公手段的不断变化与更新，开敞灵活式办公室受到越来越多的关注，特别是"景观式办公室"，也称为"蜂巢式办公室"在一些公司正被广泛采用。这种办公室具有开敞的灵活性，众人共居于一个大空间，而同时又尊重个人的存在，赋予每位工作人员属于个人的小空间，周围用1.40m高的矮隔断相分割。这种空间减少了大空间的视线干扰，充分体现了个人的自主性，有利于提高工作效率，同时又不妨碍相互之间的联系。适合于快节奏高效率的现代工作环境要求。

这种"景观式办公室"往往设有较集中的接待角落，从事接待活动，而不致于干扰其他人的正常工作。

少数管理或研究人员，相对独立的小型办公室总还是需要的，一般这种办公室人员少，除设有操作用的写字台、坐椅及相应的电脑办公设备外，另设备有桌椅或沙发茶几的接待区，有时兼设小型会议室（彩图9.4）。

很明显，办公空间的辅助行为功能及核心行为操作前后的准备工作都不成为问题，其工作环境会有一定的空间为工作人员提供辅助行为服务。在这里要强调的是，办公室要为接待的外来对象准备和提供必要的服务设施和服务条件，使被接待者享有"家"的感受。在大型企事业单位工作人员较多的办公室，为了工作人员的健康，常附设一定规模的运动健身用房，这也应看成是辅助功能的组成部分。

室内环境行为是室内设计的依据。每一种建筑类型，其室内环境，都有自己的行为内容，都有其核心行为，也存在辅助行为。类型与类型间既有差别，又有共性。我们在本章中讨论的只举出几种类型，远非全部，但是可从几种类型例中找出分析思考行为的途径和方法，为室内设计提供依据。

对人的行为进行预测，从而进行环境设计，不仅在建筑行业形成正常规律，其实在其他行业也如此。飞机机舱设计、轮船船舱设计，火车车厢设计，汽车车厢设计，都具有共性原则，都应充分考虑各自的空间环境，进行周密的行为计划与设计。彩图9.5为充分考虑了行为程序的市内公共汽车车厢内部设施设计。其中最突出的是不论乘客处于什么位置，随处随手都可以握到扶手；凡地面高低处都提供警示标志；座椅靠背设呼停按钮；座椅是弹性的，扶手包以软化材料，避免金属冰冷握感不舒服；车厢自动售票，自动报停显示站名和时间，车厢环境体现出安全、健康、方便、舒适、卫生的基本要求，的确是个文明的车厢。

第十章 室内环境评价

当一个人应邀到朋友家作客，或者来到某一办公室，或者到宾馆大堂，总会情不自禁地面对现实环境作一番评论，常常用漂亮不漂亮来评价环境，主要依据是直觉的美与不美。这种评价也就是人的视觉第一印象所得出的结论，做出的判断。这是最初级的，也是最肤浅的评价，往往是不全面、不深入的，也是不够科学的。近年来ＰＯＥ（Post-Occupancy Evaluation：居住后评价）的概念逐渐引起人们的重视。ＰＯＥ一词的使用始于1960年代的中期，有关ＰＯＥ的研究与发展最多也不超过30年。

第一节 ＰＯＥ概 述

ＰＯＥ居住后评价，从概念来说还不稳定，特别是还没有确定的定义，其大意可以表现为：对处于经过设计的居住环境中的居住者（个人、集团、机构）进行动态效果（机能的、心理的）验证。对"居住者进行动态效果"调查是将居住后的生活运作的实际场面作为对象进行评价，ＰＯＥ一词与以模拟手段事先对建筑计划与设计进行的性能与效果预测研究ＰＤＲ（Pre-Design Research）的概念恰好相反。

对居住后环境评价（ＰＯＥ）是对建筑环境与居住者两个方面获取科学、系统的反馈信息的一种方法，所取得的成果，就其应用的时间长短，反映不同的目的和作用。

如时间较短，其成果会反映出居住环境的问题所在和居住者的要求，把握住这些便可以对其存在的理由与原因进行分析，随后以此为根据对空间与设备进行改善、对管理运营方法进行改革、对居住者的生活和要求标准做相应的变动，使之达到相互谐调、圆满的目的。这可以看成是近期目标或称为微观目的。

时间稍长一些，应用持续反映出来的ＰＯＥ的结果，对于公司和组织机构的经营方针的决策、周期成本的降低会产生重要的作用。这可以看成是中期目标或称中观目的。

时间再长一些，通过对居住环境的建筑资料的积累，逐渐构成资料数据库，依此可以制定公共的标准和指针，以便应用于以后的设计计划，这是远期目标或称为宏观目的。

ＰＯＥ始于欧美，1960年代对其有效性开始被认识，主要是一些大学里的研究者，对集体宿舍、医院、学校等比较近身的对象进行了小规模的研究。

到了1970年代，ＰＯＥ得到广泛重视。由于方法论比较成熟，使得详细的ＰＯＥ可在各处实施，就研究和应用对象而言，不论种类和规模都进一步扩大，公共设施、学校、医院，还有公共住宅和老人院（养老院）等居住空间也开始受到重视。

到了1980年代，ＰＯＥ达到了实用和应用阶段。在美国和加拿大作为设施管理的一环、ＰＯＥ采用于兵营、邮局、监狱、医院等的管理部门。民营企业对ＰＯＥ的关心也在急速提高，并开始对办公室环境实施ＰＯＥ。

为了适应高度信息化，维持高生产效率，和高效率运用资源（人力、土地、建筑物、设备、空间），建立综合性科学的管理系统是非常必要的。

ＰＯＥ的发展历史，见图10.1。

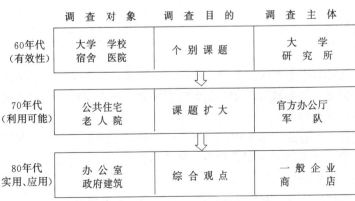

图10.1 ＰＯＥ的历史

第二节 POE的相关要素

POE的相关要素，像办公室一类综合性的POE，对其作业环境和工作者，必须对两个方面的众多相关因素给予充分的重视。把握的要素有以下几个方面：

(1) 环境特性

内容包括可通过物理手段测定与评价的声、光、热、空气、空间等的环境特性。

(2) 装置特性

以设备、家具、装饰等作为物质存在的环境与空间构成的要素。

(3) 作业特性

工作者作业的种类、频度、持续时间等工作的量与内容的要素。

(4) 作业者特性

工作者的年龄、性别、性格、分担任务等个人的或集团的特性。

此外还有对环境的舒适性和满足感有很大影响的要素，如办公室或公司所处的城市环境和经济、社会、文化的背景，个人的价值观以及爱好等也要考虑进去。图10.2表示POE的相关要素，该图充分表达了室内环境评价各相关因素之间的关系。

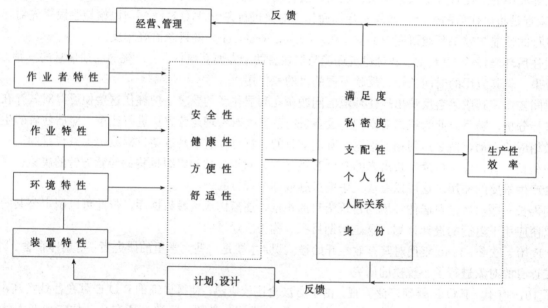

图10.2 POE的相关要素

第三节 POE的测定

POE的概念首先产生于美欧等一些国家，而主要是心理学家，所以欧美的POE活动都比较重视心理测定，但是从技术观点考虑，反馈信息和物理测定也同样重要，两者相互补充完善，成为获取信息的手段。

(1) 物理测定

物理测定方法，像距离、尺度、个数等使用比较简单的工具就可以把握测定；对照度、噪声、温度、湿度、空气污染等的测定则要使用计量仪器进行；对室内设置、景观等则要借助于录像、摄像设备进行。

(2) 心理测定

心理测定方法，则可以采取面对面采访和不见面听取记录的办法询问被采访者的要求、满意度、评价；还可以用问卷法以及其他方法（按照一定形式的方法收集心理测验的资料等）在这里可以利用语言反应，也可以利用非语言反应形式，例如制成心象图、观察形形色色的状态，对各种记录分析等等。

第四节　室内环境舒适性

室内环境的舒适性，不论对于居住者还是该房屋的管理者都是极重要的。以办公空间为例，若室内环境很舒适，其工作人员很满意，工作效率就高，对企业管理方面也会带来无形的利益；否则室内环境不舒适，就留不住员工，或者勉强留下来，工作效率也不会高，对工作人员与管理者都是不利的。所以近年来对室内环境的舒适性，越来越受到重视。

影响舒适性的主要原因，涉及到很多方面，如从可以通过数值表现和评价的吵闹、明亮、温暖、凉爽等到几乎不可能客观评价的工作场所地位、收入、人际关系等。在这里仅就声、光、热、空气和空间按其物理性分类，与之相关联的影响舒适性的主要因素做些简要介绍。

室内环境的舒适性，还潜含有安全性、健康性、方便性和艺术性。工程技术安全（地震、防火、荷载）要求是最基本的要求，不需要格外强调，但是由于室内环境设计不当而危害居住者安全，则是必须注意的课题。健康性是现代人更关心的一个侧面，不允许环境污染影响健康，健康不仅限于生理性的，也会有心理健康要求。方便性亦称便利性，环境中的各种尺度、设施，都必须保证方便利用，只有方便才会感到舒适。由于人们的文化素质不断提高，对自己所处的居住环境更有精神上的美学要求，要求达到某种意境和创造某种格调。

一、声环境的舒适性

办公空间声环境的舒适性，主要研究以下两点，一点是噪声和振动对工作是否产生妨碍，妨碍到什么程度；另一点看会话和馆内播音等所需要的声音听起来是否清晰。此外还有ＢＧＭ（Back Ground Music 背景伴声）是否适度，也会影响作业效率和精力恢复的效果。

为了对这种舒适性的程度，做出具体的判断和评价，应考虑以下一些指标，因为这些因素影响着声环境的舒适性。

（1）工作中的噪声——工作过程发生的声音；

（2）暗噪声——伴随工作中的噪声以外的声音；

（3）强大噪声源——发生特殊强音的噪声源；

（4）混响时间——室内声音的响度程度；

（5）声音清晰度——声音的易听度；

（6）馆内播音的易听度；

（7）ＢＧＭ的适当性；

（8）振动有无。

前列各因素中的（1）、（2）、（3）、（7）、（8）将会影响工作和舒适性；而（4）、（5）、（6）则影响声音的听取难易。

二、光环境的舒适性

对光环境最基本的要求项目有明视性（作业面看得清，会使工作安全，提高效率）、舒适性（保持良好的氛围，愉快的光照便于工作、居住）、演出性（强调人与物的观赏性，看起来更显眼）和象征性（利用照明光和照明对象，暗示存在和某种意境）等等。

为了满足这些要求，不仅限于以照度为代表的量的方面，还包含视野内的明暗、眩光及光的方向性、阴影的效果、光色效果、反射影响等质的方面，另外自然光的影响也包含在内。对以上诸方面进行控制是必要的。

影响光环境舒适性的主要因素，就全室光环境评价的相关项目有以下内容：

（1）作业面照度的平均值；

（2）作业面照度的均匀度；

对局部的光环境评价，如处在窗口部位前的人像等立体感的一些特殊现象评价：

（3）阴阳造型，窗口侧光使人体半明半暗；

（4）剪影现象，迎光观看处于背光的人像；

关系到VDT（个人电脑和文献处理装置等的画面）作业效率的主要有：

（5）VDT的观看方法；

（6）照明器具的乳光性；

关系到室内的明亮感和氛围的主要有：

（7）光源的光色；

（8）光源的演色性，指因光源使物体的色彩看起来有变化，对这种色彩观看的评价指标就是演色性。

在所有项目中最基本的是同明视性的关系，特别是作业面的照度与均匀度最为重要。最近考虑到工作性质，照明器具的乳光性和VDT的观看方式等也成为受重视的项目。

前述影响光环境舒适性的主要因素，属于明视性方面的因素有（1）、（2）、（3）、（4）项；属于照明器具方面的有（6）、（7）、（8）项；而（5）项具有双重性。

三、热环境的舒适性

室内热环境是由室外的自然条件和建筑物的隔热性能、气闭性、太阳辐射屏蔽性等建筑物性能，以及采暖和通风换气等的设备性能，共同综合作用构成的环境。

创造室内适当的热环境最重要的任务就是缓和或隔断外部自然条件因季节变化造成的影响，以便使室内人的活动感到舒适，更好地发挥效率，这就是对空间性能的整顿。所以室内热环境评价的目的，是根据工作室的热环境处于哪种状态，同时也可以说是在对人体进行舒适与否的判断评价。

热环境的舒适与不舒适感，也影响到健康、效率和生产质量，它是构成空间性能的重要的环境因素之一。

影响舒适性的因素，属于温热要素，有以下4项：

（1）温度（室温）；

（2）湿度（相对湿度）；

（3）气流；

（4）辐射温度；

属于人体方面的要素有2项：

（5）着衣量；

（6）活动量；

一般情况下室温最受重视，其他主要因素对人体也有影响，在实际热环境中，对这些因素必须考虑相互之间的关联作用，采用综合评价的观点是非常重要的。还有，最近对人体的关心也在增强，如：

男女差；

个人差；

PMV（Predicted Mean Vote 预想平均报告）和SET*（Standard New Effective Temperature 标准新有效温度）作为综合评价指标采用的机会增多，尤其从重视舒适性的观点来看，强调考虑不均匀性：

（7）上下温度分布；

（8）辐射温度不均匀性；

（9）室温的变动；

（10）气流的不均匀与变动。

四、空气环境的舒适性

空气，是人们维持生命所不可缺少的氧气供应的最重要的环境因素。空气遭到污染，将影响人体的安全与健康,甚至威胁生命,因而必须充分注意维持氧气的浓度和空气的清洁度。尤其是最新的建筑物,其气闭性进步了,空气污染的机会增加了,维持舒适的空气环境的必要性也在提高。

涉及空气环境污染的物质是非常多的,其中多是无色无臭的气体,人体直接感知不出来。这说明客观的把握与评价空气环境的水准,对避免未然危险,保证人体舒适与健康是十分重要的。

空气环境的制控项目:

(1) 氧气　氧气浓度降低或浓度过剩都将成为问题,都说明空气中含有污染物质。主要的空气污染来源于燃烧和吸烟产生的物质;建筑材料和OA（办公自动化）机器等产生的物质,以及伴随人体活动而产生的物质,有这样三部分。

燃烧和吸烟产生的物质:

(2) 一氧化碳（CO）;

(3) 二氧化碳（CO_2）;

(4) 氮氧化合物（NO_X）;

(5) 硫氧化合物（SO_X）等。

建筑材料和OA机器产生的物质:

(6) 甲醛（CH_2O）;

(7) 臭氧（O_3）;

(8) 氡（R_n）;

(9) 石棉等。

伴随人体活动产生的物质:

(10) 二氧化碳（CO_2）;

(11) 浮游粒子状物质（粉尘）等。

此外吸烟过程中还会产生尼古丁和焦油。

五、空间环境的舒适性

办公室内部空间的舒适性,是由建筑与室内设计、家具、陈设、设备及其以外的各种相关因素构成的。例如,属于外部的,建筑物周边的城市环境和围绕社会的经济环境、社会环境;还有属于内部的,工作人员所属的单位机构及其相关制度、薪酬待遇,还有人际关系等关联因素。

在这里,建筑与设备或家具与陈设等等有形的物体,被看成是空间环境构成的中心因素和评价的对象;而与外部环境、公司机构或工作者个人成熟状况等相关的,难以数值化、定量化的项目,或者在建筑环境中直接采取对策比较困难的因素,原则上作为无法控制因素对待。在这个领域研究性的积累还不多,基础资料很缺乏,全部假设都是属于建议性的,即是建立在建议性这个侧面的。

因此,这里的要因构成与其他环境要素的场合不同、关于评价方法和具体的目标值的表述,将以评价的见解和实态等的概论作为重点。

就空间的测定而言,不需要特别的测定仪器和测定方法,与其他要素相比较不太需要专门的知识,这点是它的特征。但需要对面积的测量方法和数量的计算制定特别的规定和注意事项。

关于空间的测定、大致可区分为物品的数量计算、长度测定、编号与复核。第一就是对盆栽植物、装饰物和办公用机具数量的把握;包括在职人（桌）数等;第二对空间自身的大小（广度）和容纳量及建筑与家具、办公设备类的定量性把握,这里包括各种面积、顶棚高、窗面积率、桌面尺度等的测定;最后的测定办法,是对更详细的空间环境要素进行分类复核。如对椅子的附加功能判定,对室内色彩按编号登记复核,对设备器具的调节功能的判定等等。

影响舒适性的要因分为两个方面。对于办公室环境,建筑要素即为由墙壁、地面、顶棚、窗和空调、照明等以及设备器具、家具、陈设等"物"的因素构成的,因此比较强调"物"的因素。但是,工作人员的生活、行为本来是在由"物"围合而成的"内部空间"展开的,在这里感受到的舒适性,即决定了空间的好与坏。

历来的空间评价，大多是停留在以声、光、热、空气等空间的能量和物质的状态为评价对象。然而办公室空间的舒适性，还受到其他许多因素的影响。我们这里讨论的空间评价，不仅止于把握上述物理性的环境因子，而是将其他部分因素也作为评价的对象。

影响空间环境舒适性的心情关系因素：

(1) 人均占地面（工作室）面积（办公空间的大小）；
(2) 人均占有面积（桌子周围直接支配的领域）；
(3) 窗口面积率；
(4) 顶棚高；
(5) 盆栽植物密度；
(6) 装饰密度；
(7) 室内色彩；
(8) 地毯；
(9) 办公室配置形式；
(10) 桌面占有度（整理秩序程度）；
(11) 恢复精神空间。

影响空间环境舒适性的操作效率关系因素：

(1) 桌子、椅子的档次（等级）：
　　桌面幅度；
　　椅子的档次；
(2) ＯＡ机器密度；
(3) 电话机密度；
(4) 小型接待（集会）场所；
(5) 人均收纳容积（文献贮存空间）：
　　人均占有面积；
　　办公室配置形式。

空间自身的大小（广度）和形态是直接支配环境舒适度的基本影响因素，对其评价是借助于有关空间形态评价项目（窗、顶棚高度、办公室配置）、有关机能空间（恢复精神、小型接待场所）的有无评价项目等许多的观点来完成的。

空间配置中的家具、陈设和设备的质与量，是影响操作难易的主要因素，这些构成了一个重要的评价项目群。

像室内色彩、植物盆栽密度（绿化度）、装饰密度等主要是视觉评价因素。而地毯的质地则主要是触觉评价因素，对心理的心情产生影响。

这样看来，作为空间环境评价要把握的项目是非常多的，涉及到的内容和水准多种多样。作为评价标准，多数情况下积累很少，大体上的目标也根据不足，所以很有把握地制定并不容易。当前正处在标准的研制阶段。评价项目在数量上来说是没有止境的，在这里可大致区分为心理性的舒适（心情）要素和机能性的舒适（操作难易）要素，正如本节前面所介绍过的内容。

六、影响舒适性的其他环境要素

除了此前我们讨论过的影响室内环境舒适性的一系列因素之外，还有很多的重要影响因素。

对办公空间的环境评价理论的探索，也就是人对环境要求的理论，到现在所处理的环境要素都是经过简化整理而成的。根据心理学家马兹罗（1908～1970）的理论，人的各种要求是具有优势顺序的，从①生理的欲求，②安全的欲求，③爱情的欲求，④受尊敬的欲求，到⑤实现自我的欲求（发挥自己的潜在能力）。而这五种欲求又是按阶段性产生的,例如,⑤实现自我的欲求是在直到④受尊敬的欲求为止,四个欲求都得到满足的阶段产生的。还有,一个人某种欲求曾一度满足过,当他还没有充分满足那种欲求时,他会为了达到较高的欲求,而充分发挥自身的耐力或潜能,也就是人们常说的内驱力。

像这样,在广泛追求的人的欲求中,当然也包括像在作为人工建造的建筑环境中满足不了的欲求。在办公室的工作环境里很难完成,或者说会转化为完全不同的形态,像③爱情的欲求和④受尊敬的欲求汇合在一起则成为"圆满地人际关系欲求",剩余的三种欲求至今都还没有提出要素来。

下面要列出的项目,是基于环境评价测定的难度、理论上的不成熟、评价的需求不高这种现状而提出的一些观点,随着将来情况的变化,办公室的特殊性评价体系必然会逐渐建立起来。

与舒适性相关的其他环境要素:
(1) 生理欲求系的环境因素
　　①进餐设施、化妆室、供热水室系评价;
　　②室内空气质量系项目——微生物、病原菌、变态反应原等;
　　③业余工作时的空调运转;
　　④方便身体障碍者的设计考虑。
(2) 安全欲求系的环境因素
　　①火灾以及地震等灾害发生时的安全;
　　②漏雨、冷冻机器的漏水与结露;
　　③触电、漏电、煤气泄漏时的安全。
(3) 圆满的人际关系欲求系的环境因素
　　①工作场所(单位)的人际关系;
　　②居住者在工作单位所处地位或收入;
　　③办公空间的象征意义;
　　④空间的亲切感和趣味性。
(4) 实现自我欲求系的环境因素
　　①工作现场单位间信息传递体系的效率;
　　②将来机构变更时建筑的可变性;
　　③室内播放电波时接受的可能性;
　　④工作的内容与量。

第五节　室内环境评价的程序

我们以某一办公室为具体对象来讨论POE的实施程序:
(1) 明确调查目的。
(2) 向调查对象管理负责部门说明用意,请求协助:
　　①调查对象办公室的选定;
　　②相关资料的收集与整理。
(3) 现场的预演性调查。
(4) 测定及问卷实施计划的确立。
(5) 测定及问卷实施的准备。
(6) 测定及问卷的具体实施。
(7) 调查结果的资料(数据)整理与分析。
(8) 资料汇总形成结果报告书。

调查的准备工作十分重要,也相当复杂。从大类来讲,先按声、光、热、空气、空间五种环境类别分别制定实施计划；每一类别又分为物理测定与心理问卷两个侧面，分别进行测定的工具、仪器设施和记录表格准备，问卷的记录表格准备。这些表格的制作应目标明确、详尽、易填，不产生误解。内容宜详尽便于事后取舍。除了测定用工具之外，还要有录像、摄影设备，全方位的将现场摄录下来。

调查的实施，就是按计划步骤进行测定、问卷和拍摄，充分把握原始数据资料，为下一步数据整理汇总提供依据。

调查结果资料汇总，是在整理与分析的基础上产生评价结果图表，该表由综合后形成的数据记录表与按综合记录制成的玫瑰图（雷达图表）两部分组成。每一环境类别都按物理评价与心理评价分别进行，形成相互对照的两套图表。最终再将五种环境的评价数据汇总成综合评价结果。图形包括的范围越大，外形越完美，标志着评价结果越高越满意。参阅图10.3（a）。图10.3（a）为空白表样式，将物理测定结果和心理问卷结果分别按优劣顺序分做5或7个级别定出评价点，记入表格，同时标入雷达图。循此方法可以获得声、光、热、空气、空间环境等各构成因子的评价结果。最后将各分项因子评价值汇总，成为综合评价结果。图10.3（b）为某一办公室环境评价的实例评价结果。图中实线图形表示办公室A，虚线图形表示办公室B，两个办公室评价结果是有相当大的差别的。根据表现出来的差别，就可以对相应的构成因子进行分析，明确了调整改善的方向。

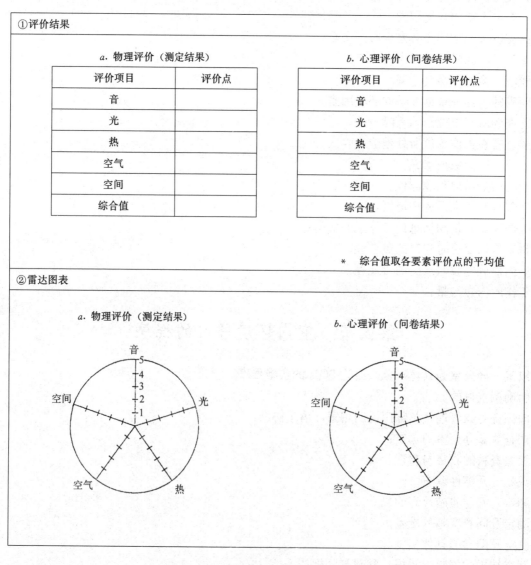

图10.3a　评价结果综合表示图（空白）

①评价结果

a. 物理评价（测定结果）

要素	评价点 A	评价点 B
音	1.0	3.5
光	4.0	3.5
热	4.7	4.7
空气	3.7	2.3
空间	1.3	2.1
综合值*	2.9	3.2

b. 心理评价（问卷结果）

要素	评价点 A	评价点 B
音	2.4	2.8
光	3.0	2.9
热	3.7	3.8
空气	3.4	3.3
空间	2.2	2.0
综合值*	2.9	3.0

＊综合值为各要素评价点的平均值

②雷达图表

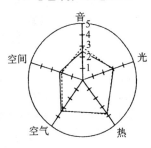

a. 物理评价（测定结果）　　b. 心理评价（问卷结果）

——办公室 A　……办公室 B

图 10.3b　评价结果综合表示图（特例）

综合评价结果显示，办公室 A 的声环境、空间环境不够理想，希望得到改善；而办公室 B 空间环境希望得到改善。

最后形成文字说明性的环境评价结果报告，至此室内环境评价工作宣告完成。

参 考 文 献

1. 常怀生编译．建筑环境心理学．台北：田园城市文化事业有限公司，1995
2. （日）乾正雄、长田泰公等著．新建筑学大系（11）（环境心理）．东京：彰国社，1993
3. 伍棠棣、李伯黍、吴福元著．心理学．北京：人民教育出版社，1980
4. 贺淦华编著．现代心理学．香港：新力书局
5. 张春兴、杨国枢编著．心理学．台北：三民书局，1975
6. 常怀生论文．建筑环境心理学述略．建筑师 22 期．北京：中国建筑工业出版社，1985
7. （日）户沼幸市著．人间尺度论．东京：彰国社，1985
8. （日）久须美英男、髙坦建次郎等编．环境デザインベストセレクション 3．东京：株式会社グラフイツク社，1989
9. Christian Norbery-Schulz 著．（日）加藤邦男译．实存、空间、建筑．东京：鹿岛出版社，1983
10. 小林盛太著．《建筑デザインの原点》．东京：彰国社，1983
11. 高等学校试用教材．建筑物理（第二版）．北京：中国建筑工业出版社，1987
12. 赵冠谦主编．2000 年的住宅．北京：中国建筑工业出版社，1991
13. 高履泰编译．建筑色彩设计．建工系统大专院校科技情报网，1983
14. 常怀生论文．对建筑环境心理学的回顾与展望．建筑师 55 期．北京：中国建筑工业出版社，1993
15. （日）小林重顺著．环境デザイン心理学．东京：彰国社，1982
16. 诺伯舒兹著．施植明译．场所精神．台北：田园城市文化事业有限公司，1995
17. 王亮．硕士学位论文．医院病房环境心理与病房环境设计．1990
18. 李健红．硕士学位论文．现代办公环境心理研究．1993
19. 张安．硕士学位论文．老年人的生活形态与居住建筑设计对策．1995
20. 室内环境フォーラム编．オフイスの室内环境评价法．东京：クイブン出版株式会社，1994
21. （日）高桥鹰志、长泽泰、西出和彦编．环境と空间．东京：朝仓书店，1997
22. （日）宇野英隆著．徐立非译．人与住宅．哈尔滨：黑龙江科学技术出版社，1983
23. （日）中村泰人、宫田纪元等著．新建筑学大系（10）（环境物理）．东京：彰国社，1984

后　　记

　　当读者看完这本书之后，对环境心理学会有一个综合性的新概念，但似乎又会不太满足，好像难以直接应用。这正是这门跨领域的学科特点。

　　通过阅读稍加思考，会能理解社会上各行各业都与环境心理学有关，都在不知不觉的营造环境。任何人任何部门都处于自然社会大环境之中，无一例外。若每一部门，每一个人，都能在积极的营造令人向上的人居环境，育人环境，我们的社会将更加美好，我们的国家将更加文明，我们的人民将更加幸福。这是一项最伟大也是最艰巨的社会环境工程，我们只能从身边做起从自我做起，向美好的目标不断前进。在这个过程中不断探索学科发展，不断完善自我，不断实现社会责任。

1999.1.23